Harpreet Kaur Channi

Situação do VE em Ludhiana, Punjab, Índia

Harpreet Kaur Channi

Situação do VE em Ludhiana, Punjab, Índia

ScienciaScripts

Imprint

Cover image: www.ingimage.com

This book is a translation from the original published under ISBN 978-620-8-06479-2.

Publisher:
Sciencia Scripts
is a trademark of
Dodo Books Indian Ocean Ltd. and OmniScriptum S.R.L publishing group

120 High Road, East Finchley, London, N2 9ED, United Kingdom
Str. Armeneasca 28/1, office 1, Chisinau MD-2012, Republic of Moldova, Europe
Printed at: see last page
ISBN: 978-620-8-22764-7

Resumo: Este livro fornece uma análise abrangente do cenário dos veículos eléctricos (VE) em Ludhiana, Punjab, oferecendo uma visão sobre o seu estado atual, desenvolvimento histórico e perspectivas futuras. À medida que a Índia se concentra cada vez mais em soluções de transporte sustentáveis, Ludhiana, um importante centro industrial em Punjab, apresenta um estudo de caso convincente da adoção e integração de VEs num ambiente urbano em crescimento. Explora as políticas de apoio do Punjab e os desenvolvimentos de infra-estruturas que visam acelerar a adoção de VE. Através de estudos de caso detalhados, o livro destaca várias instâncias de adoção de VEs entre empresas locais, sistemas de transportes públicos e áreas residenciais. Estes estudos de caso ilustram tanto os desafios enfrentados como os sucessos alcançados na promoção dos VEs. A análise estende-se à identificação dos principais desafios, tais como lacunas nas infra-estruturas, custos elevados dos veículos e sensibilização do público. Nas suas secções finais, o livro delineia as perspectivas futuras para o mercado de VEs de Ludhiana, enfatizando o papel dos planos governamentais, tecnologias emergentes e envolvimento da comunidade. Ao examinar o estado dos VEs em Ludhiana, este livro contribui para o discurso mais amplo sobre a mobilidade urbana sustentável e fornece informações valiosas para os decisores políticos, empresas e residentes interessados no futuro do transporte elétrico.

Palavras-chave: Veículos Eléctricos (VEs), Ludhiana, Punjab, Transporte Sustentável, Adoção de VEs, Infraestrutura de VEs, Estações de Carregamento

Conteúdo

1. Introdução ... 4
   1.2 Visão geral dos veículos eléctricos (VEs) ... 5
      1.2.1 Benefícios dos veículos eléctricos ... 6
      1.2.2 Importância global dos veículos eléctricos ... 7
   1.3 Objetivo do livro ... 8
2. Contexto histórico ... 10
   2.1 Políticas e iniciativas governamentais ... 11
   2.2 Evolução da indústria automóvel na Índia ... 12
      2.2.1 A era pós-independência e a produção nacional ... 12
      2.2.2. A era do protecionismo e da regulamentação ... 12
      2.2.3 Liberalização económica e crescimento ... 13
      2.2.4 O aumento dos SUV e a mudança para a sustentabilidade ... 13
      2.2.5 O panorama atual e as orientações futuras ... 13
2.3 Adoção precoce de veículos eléctricos: Tendências globais e entrada da Índia no mercado de VE ... 14
   2.3.1 Desafios e oportunidades ... 16
3. Adoção de VE no Punjab ... 17
   3.1 Políticas e iniciativas governamentais ... 17
   3.2 Compromisso do Governo do Punjab ... 18
   3.3 Desafios na adoção de VE ... 19
   3.4 Perspectivas futuras ... 20
4. Desenvolvimento de infra-estruturas ... 22
   4.1 Postos de carregamento ... 22
   4.2 Estações de troca de baterias ... 23
   4.3 Distribuição das estações de carregamento e de troca ... 24
5. Paisagem EV de Ludhiana ... 25
   5.1 Panorama atual do mercado ... 26
   5.2 Principais intervenientes ... 27
   5.3 Quota de mercado ... 28
   5.4 Políticas e incentivos locais ... 30
6. Infraestrutura de carregamento: Disponibilidade, localizações e estatísticas de utilização ... 31
   6.1 Disponibilidade e localizações ... 31
      6.1.1 Infraestrutura de carregamento para veículos eléctricos em Ludhiana ... 32
   6.1.2 Planos futuros de expansão ... 33

6.2 Estatísticas de utilização ... 34
7. Estudos de casos a nível mundial ... 37
8. Negócios Locais e VEs: Exemplos de Adoção ... 42
9. Transportes públicos: Situação e exemplos de autocarros eléctricos e auto-riquixás em Ludhiana ... 46
9.1 Adoção Residencial: Estudos de caso de agregados familiares que utilizam VEs 48
10. Desafios e Oportunidades na Adoção de Veículos Eléctricos (VEs) ... 50
10.1 Desafios ... 50
10.2 Oportunidades ... 51
10.3 Avanços tecnológicos ... 52
10.4 Benefícios económicos e ambientais ... 52
10.5 Expansão e inovação do mercado ... 52
11. Resultados e discussão ... 54
12. Conclusão ... 56
Referências ... 58

1. Introdução

Os veículos eléctricos (VEs) representam uma mudança transformadora no panorama global dos transportes, oferecendo uma alternativa sustentável aos veículos tradicionais com motor de combustão interna. À medida que aumentam as preocupações com as alterações climáticas e a degradação ambiental, os VEs surgiram como uma solução fundamental para reduzir as emissões de carbono, diminuir a poluição do ar e promover fontes de energia renováveis. Neste contexto, a cidade de Ludhiana, Punjab, destaca-se como um estudo de caso convincente da adoção de VEs num ambiente urbano em rápida industrialização. Ludhiana, muitas vezes referida como a "Manchester da Índia", é um dos maiores e mais significativos centros industriais de Punjab. Com uma economia próspera impulsionada pela indústria transformadora e uma população em crescimento, Ludhiana enfrenta desafios substanciais relacionados com os transportes, incluindo o congestionamento do tráfego e questões de qualidade do ar [1]. Estes desafios intensificaram a necessidade de soluções de transporte mais limpas e mais eficientes, tornando-a um ponto focal ideal para examinar o impacto e o progresso da adoção de VE. A introdução de veículos eléctricos em Ludhiana alinha-se com as tendências nacionais e globais mais amplas para o transporte sustentável. Na Índia, a transição para os VE tem sido impulsionada por políticas governamentais destinadas a reduzir a dependência da nação em relação aos combustíveis fósseis, mitigando o impacto ambiental e promovendo a inovação tecnológica. O governo indiano introduziu vários incentivos e subsídios para encorajar a adoção de VE, incluindo impostos reduzidos, subsídios financeiros e investimentos no desenvolvimento de infra-estruturas.

O governo do estado do Punjab também abraçou a revolução dos VE com políticas concebidas para apoiar e acelerar a transição para a mobilidade eléctrica. A Política de Veículos Eléctricos do Punjab oferece numerosos incentivos, tais como subsídios para a compra de VE, apoio à criação de infra-estruturas de carregamento e taxas de registo reduzidas. Estas iniciativas destinam-se a criar um ambiente favorável para que tanto os consumidores como as empresas invistam e adoptem veículos eléctricos. A cidade assistiu a um aumento da disponibilidade de veículos eléctricos, incluindo veículos de duas rodas, veículos de três rodas e até autocarros eléctricos. No entanto, o caminho para a adoção generalizada de VE não está isento de desafios. O desenvolvimento de infra-estruturas de carregamento, o custo dos VEs e a sensibilização do público são factores críticos que influenciam a taxa de adoção. A abordagem destes desafios requer um esforço coordenado entre as autoridades governamentais, as partes interessadas do sector privado e a comunidade local [2].

Este livro tem como objetivo fornecer uma visão abrangente da situação atual dos veículos eléctricos em Ludhiana, explorando a interação entre as políticas locais, a dinâmica do mercado e o envolvimento da comunidade. Ao examinar o contexto histórico da adoção de VE, a infraestrutura existente e os estudos de caso de implementações bem sucedidas, este livro procura oferecer informações valiosas sobre os progressos realizados e os obstáculos encontrados na transição de Ludhiana para a mobilidade eléctrica. Além disso, o livro analisará os potenciais desenvolvimentos futuros no sector dos VE, incluindo os avanços tecnológicos, a evolução das políticas governamentais e as oportunidades emergentes de crescimento. O objetivo final é realçar como a experiência de Ludhiana pode servir de modelo para outras cidades na Índia e não só, demonstrando os aspectos práticos e os benefícios da adoção de veículos eléctricos num ambiente urbano diversificado e em rápida evolução. Através de uma análise detalhada da viagem de Ludhiana em direção a um futuro de transportes mais ecológicos, este livro visa contribuir para o discurso mais amplo sobre a mobilidade urbana sustentável e fornecer ideias práticas para os decisores políticos, empresas e residentes empenhados em promover um mundo mais limpo e sustentável [3].

1.2 Visão geral dos veículos eléctricos (VE)

Os veículos eléctricos (VE) estão a transformar a indústria automóvel, proporcionando uma alternativa mais limpa e mais sustentável aos veículos tradicionais a gasolina e a gasóleo. Os VEs são alimentados por motores eléctricos e baterias e existem em dois tipos principais: veículos eléctricos a bateria (BEVs), que funcionam apenas com eletricidade, e veículos eléctricos híbridos plug-in (PHEVs), que combinam um motor elétrico com um motor de combustão interna convencional e podem ser recarregados a partir de uma fonte externa. Um dos benefícios mais significativos dos VEs é o seu impacto ambiental; eles produzem zero emissões de escape, o que reduz significativamente os gases de efeito estufa e poluentes atmosféricos, contribuindo assim para um ar mais limpo e ajudando a mitigar as alterações climáticas [4]. Economicamente, os VEs oferecem custos operacionais mais baixos em comparação com os veículos convencionais devido à eletricidade mais barata e menos peças móveis, o que se traduz em necessidades de manutenção reduzidas. Muitos governos também apoiam a adoção de VEs através de incentivos financeiros, tais como descontos fiscais e subsídios, tornando-os mais acessíveis. Além disso, os VE apoiam a independência energética ao utilizarem fontes de energia renováveis, reduzindo assim a dependência dos combustíveis fósseis. Os avanços tecnológicos na tecnologia das baterias melhoraram o alcance e o desempenho dos VEs, tornando-os uma opção viável para um número crescente de consumidores. Globalmente, a importância dos VEs vai além dos benefícios ambientais e económicos; desempenham um papel crucial no cumprimento das metas climáticas internacionais e na promoção da sustentabilidade urbana, reduzindo a poluição em áreas densamente povoadas. Além disso, a expansão da indústria de VEs estimula o crescimento económico através da inovação e criação de emprego em sectores como a produção de baterias e infra-estruturas de carregamento [5]. Em resumo, os VEs são um elemento chave na mudança para o transporte sustentável, oferecendo múltiplos benefícios que se alinham com os objectivos mais amplos de proteção ambiental e desenvolvimento económico. Os veículos eléctricos (VEs) são automóveis alimentados total ou parcialmente por eletricidade em vez de motores de combustão interna que funcionam com combustíveis fósseis. Na sua essência, os VE utilizam motores eléctricos e baterias para conduzir o veículo, ao contrário dos veículos tradicionais que dependem de motores a gasolina ou a gasóleo. As duas principais categorias de VEs são os veículos eléctricos a bateria (BEVs), que são totalmente eléctricos e dependem apenas de baterias para a energia, e os veículos híbridos eléctricos plug-in (PHEVs), que combinam um motor de combustão interna com um motor elétrico e podem ser carregados através de uma fonte de energia externa [6].

1.2.1 Vantagens dos veículos eléctricos

- **Impacto ambiental**

- **Emissões reduzidas:** Os VEs produzem zero emissões de escape, o que reduz significativamente as emissões de gases com efeito de estufa em comparação com os veículos convencionais. Esta redução das emissões ajuda a combater a poluição atmosférica e a atenuar as alterações climáticas.

- **Eficiência energética:** Os motores eléctricos são inerentemente mais eficientes do que os motores de combustão interna, convertendo uma maior percentagem de energia eléctrica em movimento do veículo. Esta eficiência reduz o consumo global de energia [7].

- **Vantagens económicas**

- **Custos operacionais mais baixos:** A eletricidade é geralmente mais barata do que a gasolina ou o gasóleo, o que leva a custos de combustível mais baixos. Além disso, os

VEs têm menos peças móveis em comparação com os veículos tradicionais, reduzindo as despesas de manutenção e reparação.

- **Incentivos e subsídios:** Muitos governos oferecem incentivos financeiros para a aquisição de VE, tais como créditos fiscais, descontos e taxas de registo reduzidas. Estes incentivos podem tornar os VE mais acessíveis para os consumidores.

- **Independência energética**

- **Diversificação das fontes de energia:** Os veículos eléctricos podem ser carregados utilizando fontes de energia renováveis, como a energia eólica, solar e hidroelétrica. Esta mudança reduz a dependência de combustíveis fósseis importados e aumenta a segurança energética.

- **Inovação tecnológica**

- **Avanços na tecnologia das baterias:** O desenvolvimento de tecnologias avançadas de baterias, como as baterias de iões de lítio, melhorou o desempenho, a autonomia e a acessibilidade dos veículos eléctricos. A investigação em curso continua a alargar os limites da eficiência e da densidade energética das baterias.

- **Benefícios para a saúde**

- **Melhoria da qualidade do ar:** Ao reduzir as emissões dos veículos, os VEs contribuem para um ar mais limpo e melhores resultados para a saúde pública. A redução da poluição do ar pode diminuir a incidência de doenças respiratórias e cardiovasculares ligadas aos gases de escape dos veículos [8].

1.2.2 Importância global dos veículos eléctricos

- **Mitigação das alterações climáticas**

- **Esforços globais para reduzir a pegada de carbono:** Os VEs desempenham um papel crucial nos esforços internacionais para combater as alterações climáticas. À medida que os países se comprometem a reduzir as emissões de carbono ao abrigo de acordos como o Acordo de Paris, a adoção de VEs é vista como uma estratégia crítica para alcançar estes objectivos.

- **Sustentabilidade urbana**

- **Redução da poluição atmosférica urbana:** Muitas cidades em todo o mundo enfrentam graves problemas de qualidade do ar devido às emissões dos veículos. Os VEs ajudam a melhorar a qualidade do ar urbano, contribuindo para cidades mais sustentáveis e habitáveis.

- **Crescimento económico e inovação**

- **Crescimento da economia verde:** A ascensão da indústria de VE estimulou o crescimento económico em sectores como o fabrico de baterias, a produção de motores eléctricos e a infraestrutura de carregamento. Este crescimento cria novos postos de trabalho e promove a inovação tecnológica.

- **Política e regulamentação**

- **Políticas e objectivos governamentais:** Muitos governos estabeleceram objectivos ambiciosos para a adoção de VE, incluindo planos para eliminar gradualmente os veículos movidos a combustíveis fósseis e estabelecer extensas redes de carregamento de VE. Estas políticas impulsionam a transição global para a mobilidade eléctrica.

- **Preferências dos consumidores**

- **Mudança no comportamento do consumidor:** A crescente sensibilização para as questões ambientais e os avanços na tecnologia dos VE estão a mudar as preferências dos consumidores. Mais indivíduos estão a considerar os VEs como uma alternativa viável e atraente para os veículos tradicionais [9]-[10].

1.3 Objetivo do livro

Este livro visa fornecer uma análise aprofundada do cenário dos veículos eléctricos (VE) em Ludhiana, Punjab, oferecendo uma compreensão abrangente do estado atual, desafios e perspectivas futuras da adoção de VE neste centro urbano em rápido crescimento. Os principais objectivos são explorar a dinâmica da integração dos VE no contexto socioeconómico e industrial único de Ludhiana, avaliar a eficácia das políticas locais e regionais e destacar as principais histórias de sucesso e os obstáculos na transição da cidade para a mobilidade eléctrica.

Ludhiana, muitas vezes referida como a "Manchester da Índia", é um foco significativo para este estudo devido à sua base industrial proeminente e população densa, que apresentam tanto oportunidades como desafios para a adoção de VE. Sendo uma das maiores cidades do Punjab e a mais vibrante economicamente, Ludhiana está na vanguarda do impulso da Índia para o transporte sustentável. O sector industrial da cidade, conhecido pela sua capacidade de produção, gera uma procura considerável de transportes e contribui para a poluição do ar, tornando-a uma área crítica para a implementação e avaliação de estratégias de VE [11].

Ao centrar-se em Ludhiana, este livro tem como objetivo alcançar vários resultados fundamentais:

1. Visão da dinâmica local: Compreender como uma grande cidade industrial integra os VEs, incluindo o impacto das políticas locais, desenvolvimento de infra-estruturas e tendências de mercado.

2. Avaliação de Políticas: Avaliar a eficácia das iniciativas e incentivos governamentais existentes na promoção da adoção de VE e identificar áreas para melhoria.

3. Estudos de caso e melhores práticas: Destacar exemplos bem sucedidos de adoção de VEs em Ludhiana, incluindo empresas e sistemas de transporte público, para fornecer insights práticos e inspirar outras cidades.

4. Perspectivas futuras: Oferecer projecções e recomendações para o futuro dos VEs em Ludhiana, com base nas tendências actuais e tecnologias emergentes.

2. Contexto histórico

A evolução da indústria automóvel na Índia reflecte uma passagem dos veículos tradicionais para um sector mais moderno e orientado para a tecnologia, como mostra a figura 1. O advento dos veículos a motor na Índia começou no início do século XX com a importação de automóveis da Europa. O primeiro fabricante de automóveis indiano, a Tata Motors, foi fundado em 1945, marcando o início da indústria automóvel nacional. Ao longo das décadas, a indústria expandiu-se significativamente, impulsionada pela liberalização económica, pelos avanços tecnológicos e pela evolução das preferências dos consumidores [12].

O conceito de veículos eléctricos (VEs) remonta ao século XIX, quando os primeiros inventores experimentaram a propulsão eléctrica. Os primeiros carros eléctricos apareceram na década de 1820, mas só no final do século XIX e início do século XX é que ganharam força. No início dos anos 1900, os veículos eléctricos eram bastante populares devido ao seu funcionamento silencioso e facilidade de utilização. No entanto, os veículos com motor de combustão interna (ICE), que ofereciam uma maior autonomia e eram mais baratos de produzir, foram gradualmente conquistando o mercado. O ressurgimento moderno dos veículos eléctricos começou no final do século XX, impulsionado pelas crescentes preocupações ambientais e pelos avanços na tecnologia das baterias. A década de 1990 assistiu à introdução de modelos eléctricos como o General Motors EV1, mas o seu âmbito era limitado e acabaram por ser descontinuados. A viragem do século XXI marcou uma mudança significativa com empresas como a Tesla a revolucionar o mercado, tornando os VE mais viáveis e desejáveis [13].

O percurso da Índia no mercado dos veículos eléctricos é relativamente recente, tendo começado no início dos anos 2000 com a introdução de veículos eléctricos de duas rodas de pequena dimensão. O enfoque do governo indiano nos VEs tornou-se mais forte na década de 2010 como parte da sua estratégia mais ampla para combater a poluição atmosférica e reduzir a dependência do petróleo importado. A introdução do Plano da Missão Nacional de Mobilidade Eléctrica (NEMMP) em 2013 teve como objetivo promover os veículos eléctricos e híbridos através de subsídios e incentivos [14].

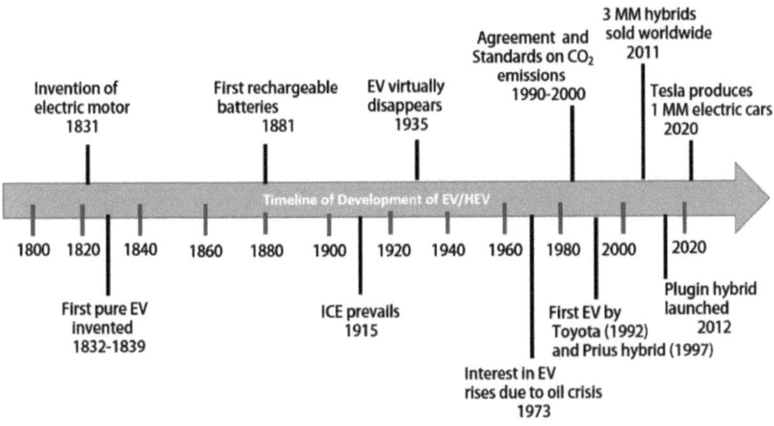

Figura 1. Contexto histórico [14]

2.1 Políticas e iniciativas governamentais

O quadro político da Índia para os VE evoluiu significativamente ao longo dos anos. O programa FAME (Faster Adoption and Manufacturing of Hybrid and Electric Vehicles), lançado em 2015, proporcionou incentivos financeiros para a adoção de veículos eléctricos e híbridos. Esta iniciativa foi crucial para promover a adoção precoce de VE na Índia, reduzindo os custos iniciais para os consumidores. A última iteração da política, FAME II, que começou em 2019, estendeu o apoio a veículos elétricos de duas rodas, três rodas e autocarros, e teve como objetivo melhorar a infraestrutura de carregamento. Paralelamente a estas iniciativas nacionais, os estados individuais, incluindo o Punjab, começaram a formular as suas políticas para responder às necessidades locais e promover a adoção de VE [15].

Ludhiana, conhecida pela sua importância industrial e económica, tem sido fundamental no contexto mais amplo da estratégia de veículos eléctricos da Índia. A base industrial da cidade, juntamente com os seus desafios relacionados com a poluição do ar e os transportes, torna-a um caso de estudo ideal para compreender o impacto da adoção de VE. A experiência de Ludhiana reflecte os aspectos práticos da integração de VEs num ecossistema urbano e industrial estabelecido. O contexto histórico da indústria de veículos eléctricos, desde os seus primórdios até à sua atual proeminência, sublinha os avanços significativos feitos na tecnologia e na política. Na Índia, a transição para os veículos eléctricos tem sido impulsionada por uma combinação de desenvolvimentos históricos, avanços tecnológicos e políticas governamentais. A posição de Ludhiana como uma grande cidade industrial em Punjab acrescenta uma camada adicional de relevância, uma vez que representa um campo de batalha chave para a integração bem sucedida de VEs num ambiente urbano complexo. Esta visão geral histórica prepara o terreno para um exame mais profundo do atual cenário de VEs de Ludhiana e perspectivas futuras [16].

2.2 Evolução da indústria automóvel na Índia

A história da indústria automóvel na Índia remonta ao início do século XX, quando os primeiros veículos a motor foram importados da Europa. A introdução dos automóveis marcou uma mudança significativa das carruagens puxadas por cavalos para o transporte mecanizado. Os primeiros esforços indianos no sector automóvel limitaram-se essencialmente à importação e montagem de veículos de fabricantes estrangeiros. O mercado indiano foi inicialmente dominado por automóveis de luxo e veículos comerciais importados da Europa e dos Estados Unidos.

2.2.1 A era pós-independência e a produção nacional

O panorama da indústria automóvel indiana começou a mudar significativamente após a independência da Índia em 1947. O governo procurou promover a produção nacional e reduzir a dependência das importações. Em 1945, a Tata Motors (então Tata Engineering and Locomotive Co. Ltd.) foi criada como o primeiro fabricante de automóveis indiano, assinalando um marco fundamental no desenvolvimento da indústria automóvel nacional. A Tata Motors centrou-se inicialmente em veículos comerciais, incluindo camiões e autocarros [17].

As décadas de 1950 e 1960 assistiram à entrada de várias empresas automóveis estrangeiras na Índia através de empresas comuns com empresas indianas. Por exemplo, a colaboração entre a empresa indiana Hindustan Motors e o fabricante britânico Morris resultou na produção do emblemático automóvel Ambassador, que se tornou sinónimo da cultura automóvel indiana. Do mesmo modo, a colaboração entre a empresa indiana Mahindra & Mahindra e a empresa americana Willys levou à produção de veículos utilitários robustos [18].

2.2.2. A era do protecionismo e da regulamentação

Durante as décadas de 1970 e 1980, o governo indiano implementou políticas proteccionistas destinadas a fomentar as indústrias nacionais. O sector automóvel estava fortemente regulamentado, com controlos rigorosos das importações, tarifas elevadas sobre os veículos estrangeiros e requisitos de licenciamento para os fabricantes nacionais. Este período, conhecido como o "License Raj", levou a uma concorrência e inovação limitadas. O objetivo era produzir veículos acessíveis e fiáveis para o mercado indiano, e a indústria assistiu à proliferação de modelos como o Maruti 800, introduzido em 1983 pela Maruti Suzuki (uma empresa comum entre o governo indiano e a Suzuki Motor Corporation) [19].

2.2.3 Liberalização económica e crescimento

A liberalização económica do início da década de 1990 foi um ponto de viragem para a indústria automóvel indiana. O governo começou a desmantelar o License Raj, a reduzir os direitos de importação e a abrir o mercado ao investimento estrangeiro. Esta liberalização levou a uma maior concorrência, melhor qualidade e maior variedade de veículos disponíveis para os consumidores indianos. As principais empresas automóveis mundiais, incluindo a Toyota, a Honda, a Ford e a General Motors, entraram no mercado indiano, trazendo tecnologia avançada e novos modelos. Nos anos 90 e 2000, assistiu-se a um aumento das vendas de automóveis de passageiros e de duas rodas, impulsionado pelo aumento dos rendimentos, pela urbanização e pela melhoria das infra-estruturas. A introdução de modelos como o Hyundai Santro e o Tata Indica evidenciou o crescimento da indústria e a sua capacidade de satisfazer as diversas necessidades dos consumidores [20].

2.2.4 A ascensão dos SUV e a mudança para a sustentabilidade

Nas décadas de 2000 e 2010, o mercado automóvel indiano assistiu a uma mudança para veículos utilitários desportivos (SUV) e automóveis de luxo, reflectindo a alteração das preferências dos consumidores e o aumento dos rendimentos disponíveis. Paralelamente a esta evolução, as preocupações ambientais e a necessidade de soluções de transporte sustentáveis ganharam proeminência. O governo indiano começou a abordar estas questões através da promoção de veículos movidos a combustíveis alternativos e, eventualmente, de veículos eléctricos (VE). A introdução de políticas como o Plano Nacional de Missão para a Mobilidade Eléctrica (NEMMP) em 2013 e o esquema de Adoção e Fabrico Mais Rápido de Veículos Híbridos e Eléctricos (FAME) teve como objetivo apoiar a adoção de VEs e reduzir o impacto ambiental dos veículos tradicionais [21].

2.2.5 O panorama atual e as orientações futuras

Atualmente, a indústria automóvel indiana é um dos maiores mercados do mundo e de crescimento mais rápido. Abrange uma vasta gama de veículos, desde os pequenos veículos de duas rodas aos automóveis de luxo e aos veículos comerciais. A indústria continua a evoluir com os avanços tecnológicos, como os veículos eléctricos e híbridos, e o desenvolvimento de automóveis inteligentes e conectados.

O enfoque do governo indiano na promoção da mobilidade eléctrica e na redução das emissões dos veículos está a remodelar o futuro do sector automóvel. A introdução de normas de emissão mais rigorosas, o aumento do investimento em infra-estruturas de veículos eléctricos e a investigação e desenvolvimento em curso estão a preparar o caminho para uma indústria automóvel mais sustentável. Em resumo, a evolução da indústria automóvel indiana tem sido marcada por uma transição das primeiras importações para uma base de produção nacional robusta, seguida de uma fase de liberalização económica que estimulou o crescimento e a concorrência. Os veículos tradicionais desempenharam um papel crucial na formação da indústria, mas o futuro está cada vez mais centrado na sustentabilidade e na inovação tecnológica. A mudança para veículos eléctricos e tecnologias ecológicas representa a próxima fronteira no desenvolvimento contínuo da indústria [22].

2.3 Adoção precoce de veículos eléctricos: Tendências globais e entrada da Índia no mercado de VE

O conceito de veículos eléctricos (VEs) não é novo; as suas origens remontam ao século XIX. No entanto, o ressurgimento do interesse nos VEs começou a sério na segunda metade do século XX e no século XXI, impulsionado pelos avanços tecnológicos, preocupações ambientais e mudanças políticas. No final do século XIX e início do século XX, os veículos eléctricos eram bastante populares devido ao seu funcionamento silencioso e facilidade de utilização, em comparação com os motores de combustão interna ruidosos e incómodos da época. Os primeiros carros eléctricos foram dos primeiros a atingir a produção em massa e foram utilizados para vários fins, incluindo táxis e transporte pessoal. No entanto, o advento dos carros a gasolina produzidos em massa, como o Modelo T de Henry Ford, levou a um declínio na popularidade dos veículos eléctricos devido aos seus custos mais elevados e autonomia limitada.

O ressurgimento moderno dos VEs começou nas décadas de 1970 e 1980, em resposta à crise do petróleo e à crescente consciencialização ambiental. A introdução do General Motors EV1 na década de 1990 constituiu um marco significativo, mas o veículo acabou por ser descontinuado, reflectindo os desafios da adoção inicial dos veículos eléctricos, tais como a autonomia limitada e os custos elevados. A década de 2000 assistiu a avanços significativos na tecnologia dos VE, impulsionados por inovações na tecnologia das baterias e por uma crescente consciência ambiental. A Tesla Motors, fundada em 2003, desempenhou um papel fundamental na revitalização do interesse pelos veículos eléctricos com a introdução de automóveis eléctricos de elevado desempenho e longo alcance, como o Tesla Roadster (2008) e o Model S (2012). O sucesso da Tesla demonstrou que os VE podem ser práticos e desejáveis, abrindo caminho para uma adoção mais ampla [23].

Em resposta às alterações climáticas e à poluição atmosférica, muitos governos em todo o mundo começaram a implementar políticas para promover a adoção de VE. Países como a Noruega, os Países Baixos e a China adoptaram políticas agressivas, incluindo subsídios substanciais, incentivos fiscais e investimentos em infra-estruturas de carregamento. A entrada da Índia no mercado de veículos eléctricos começou no início da década de 2000, mas ganhou ímpeto na década de 2010, quando o governo e as partes interessadas da indústria reconheceram a necessidade de soluções de transporte sustentáveis. O foco inicial da adoção de VE na Índia foi em veículos eléctricos de duas e três rodas, impulsionados pela sua adequação às necessidades de transporte urbano e semi-urbano do país. Empresas como a Hero Electric e a Bajaj Auto começaram a produzir scooters e rickshaws eléctricos, atendendo à crescente procura de opções de transporte ecológicas e económicas [24].

O compromisso do governo indiano em promover os veículos eléctricos tornou-se mais pronunciado com o lançamento do Plano da Missão Nacional de Mobilidade Eléctrica (NEMMP) em 2013. Esta política visava encorajar a adoção de VEs através de incentivos financeiros, subsídios e apoio à investigação e desenvolvimento. A introdução do regime de Adoção e Fabrico Mais Rápidos de Veículos Híbridos e Eléctricos (FAME) em 2015 apoiou ainda mais o mercado de VE, oferecendo incentivos para reduzir o custo dos VE para os consumidores e promovendo o desenvolvimento de infra-estruturas de carregamento. Nos anos seguintes, assistiu-se a um maior enfoque na mobilidade eléctrica com a introdução do FAME II em 2019, que alargou o apoio a uma gama mais ampla de VE, incluindo veículos eléctricos de duas rodas, três rodas e autocarros. A política visava responder à crescente procura de veículos elétricos e acelerar a sua adoção, melhorando a infraestrutura de carregamento e fornecendo mais incentivos financeiros. A indústria automóvel indiana começou a assistir à entrada de vários intervenientes globais e nacionais no mercado de VE. Empresas como a Tata Motors, Mahindra & Mahindra, e novos participantes como a Ather Energy e Ola Electric começaram a oferecer uma gama de veículos eléctricos, desde veículos de duas rodas a automóveis e veículos comerciais [25].

2.3.1 Desafios e oportunidades

Apesar dos desenvolvimentos positivos, a adoção precoce dos VE na Índia enfrentou desafios, incluindo os elevados custos dos veículos, as infra-estruturas de carregamento limitadas e a necessidade de uma maior sensibilização dos consumidores. A adoção precoce de veículos eléctricos a nível mundial e na Índia reflecte uma tendência mais ampla no sentido de um transporte sustentável. Embora o mercado global tenha registado avanços significativos e apoio político, o percurso da Índia no mercado dos VE realça o compromisso crescente do país com soluções de mobilidade mais limpas. À medida que a tecnologia continua a evoluir e as políticas são reforçadas, tanto a nível mundial como na Índia, o futuro dos veículos eléctricos parece promissor, com o potencial de ter um impacto significativo nos sistemas de transporte e na sustentabilidade ambiental [26].

3. Adoção de VE no Punjab

O Punjab tem vindo a dar passos significativos na adoção de veículos eléctricos (VE), impulsionado pelas políticas proactivas do governo estatal e pela crescente consciência ambiental. A Política de Veículos Eléctricos do Punjab promove os VE através de incentivos financeiros, incluindo subsídios e isenções fiscais, destinados a reduzir os elevados custos iniciais dos veículos eléctricos. Para além de promover os veículos eléctricos de duas e três rodas, o Punjab também começou a integrar autocarros eléctricos nos sistemas de transportes públicos. Esta medida tem como objetivo reduzir as emissões dos transportes públicos e servir de modelo para outras regiões. O Estado está a colaborar ativamente com os intervenientes do sector privado para expandir a rede de estações de carregamento e aumentar a sensibilização do público para os benefícios dos veículos eléctricos [27].

Apesar destes esforços, persistem desafios como os elevados custos iniciais, as infra-estruturas de carregamento limitadas e a ansiedade em relação à autonomia. No entanto, espera-se que os avanços tecnológicos em curso e o apoio contínuo do governo impulsionem um maior crescimento do mercado de VE. Com o aumento do interesse dos consumidores e um ambiente político favorável, o Punjab está bem posicionado para avançar com os seus objectivos de mobilidade eléctrica e contribuir para um futuro de transportes mais sustentável. O Punjab, um estado proeminente no norte da Índia, tem dado passos significativos na adoção de veículos eléctricos (VE) como parte dos seus esforços mais amplos para promover transportes sustentáveis e enfrentar os desafios ambientais. A transição do estado para a mobilidade eléctrica é impulsionada por uma combinação de políticas governamentais, incentivos económicos e uma crescente sensibilização para as questões ambientais [28].

3.1 Políticas e iniciativas governamentais

- **Política de veículos eléctricos do Punjab**

A abordagem proactiva do Punjab à mobilidade eléctrica reflecte-se na Política de Veículos Eléctricos do Punjab, que foi introduzida para acelerar a adoção de VEs em todo o estado. A política define vários objectivos-chave, incluindo a redução das emissões dos veículos, a promoção da utilização de energia limpa e a criação de um ambiente propício ao crescimento da indústria de VE. As principais caraterísticas da política incluem:

- **Incentivos e subsídios:** A política prevê incentivos financeiros para a compra de veículos eléctricos, incluindo subsídios para indivíduos e empresas. Estes incentivos são concebidos para reduzir o custo inicial dos VE e torná-los mais acessíveis a um segmento mais alargado da população.

- **Desenvolvimento de infra-estruturas de carregamento:** Para resolver a questão das instalações de carregamento limitadas, a política inclui disposições para o desenvolvimento de uma rede abrangente de estações de carregamento de VE. O governo do estado pretende criar infra-estruturas de carregamento em locais-chave, incluindo centros urbanos, auto-estradas e áreas residenciais.

- **Benefícios fiscais:** A política oferece isenções de impostos rodoviários e taxas de registo para veículos eléctricos, reduzindo ainda mais a carga de custos para os proprietários de VE.

- **Apoio à produção local:** A política também incentiva a fabricação local de componentes de VE e equipamentos de carregamento, promovendo o crescimento do ecossistema de VE dentro do estado [29].

3.2 Compromisso do Governo do Punjab

O governo do Punjab tem demonstrado um forte empenho na promoção dos veículos eléctricos através de várias iniciativas e colaborações. Isto inclui parcerias com o sector privado para a criação de infra-estruturas de carregamento e a introdução de autocarros eléctricos nas frotas de transportes públicos. O apoio do governo estende-se à sensibilização para os benefícios dos VE e à facilitação do desenvolvimento de políticas tanto a nível estatal como local.

- **Penetração no mercado**

A adoção de veículos eléctricos no Punjab tem registado um crescimento gradual, com um interesse crescente por parte dos consumidores e das empresas. O mercado dos veículos eléctricos de duas e três rodas é particularmente ativo, reflectindo a atenção do Estado na redução das emissões dos transportes comerciais e de curta distância. Empresas como a Hero Electric, a Ather Energy e a Bajaj Auto introduziram veículos eléctricos de duas rodas no Punjab, satisfazendo a procura de soluções de transporte rentáveis e ecológicas.

- **Autocarros eléctricos e transportes públicos**

O Punjab também deu passos em frente na incorporação de veículos eléctricos no seu sistema de transportes públicos. A introdução de autocarros eléctricos em cidades como

Chandigarh e Amritsar representa um passo significativo no sentido de transportes urbanos mais limpos. Estes autocarros eléctricos destinam-se a reduzir a pegada de carbono dos transportes públicos e constituem um modelo a seguir por outras regiões.

- **Infra-estruturas de carregamento**

O desenvolvimento de infra-estruturas de carregamento é uma componente essencial da estratégia do Punjab para promover os veículos eléctricos. O governo estadual iniciou vários projectos para estabelecer estações de carregamento de VE nas principais áreas urbanas, auto-estradas e centros comerciais. As colaborações com empresas privadas e os investimentos em soluções de carregamento inteligentes estão a ajudar a construir uma rede fiável e generalizada de instalações de carregamento [30]-[31].

3.3 Desafios na adoção de VE

- **Custos iniciais elevados**

Um dos principais desafios que se colocam à adoção dos VE no Punjab é o elevado custo inicial dos veículos eléctricos em comparação com os veículos tradicionais com motor de combustão interna. Apesar dos subsídios e incentivos, o custo inicial continua a ser uma barreira para muitos potenciais compradores.

- **Infraestrutura de carregamento limitada**

Embora estejam a ser envidados esforços para expandir as infra-estruturas de carregamento, a disponibilidade de postos de carregamento é ainda limitada em comparação com a procura. Garantir instalações de carregamento generalizadas e facilmente acessíveis é essencial para incentivar mais pessoas a mudar para veículos eléctricos.

- **Ansiedade de alcance**

A ansiedade em relação à autonomia, ou o receio de ficar sem bateria antes de chegar a uma estação de carregamento, continua a ser uma preocupação para muitos potenciais proprietários de veículos eléctricos. O desenvolvimento de uma rede extensa e fiável de estações de carregamento é crucial para resolver esta questão e aumentar a confiança dos consumidores nos veículos eléctricos.

- **Sensibilização e educação do público**

A sensibilização do público para os benefícios e funcionalidades dos veículos eléctricos é essencial para aumentar as taxas de adoção. Campanhas educativas e programas de sensibilização são necessários para informar os potenciais compradores sobre as vantagens dos VEs e os incentivos disponíveis [32].

3.4 Perspectivas futuras

O futuro da adoção de veículos eléctricos (VE) no Punjab é bastante promissor, impulsionado por uma combinação de avanços tecnológicos, políticas governamentais de apoio e uma maior sensibilização dos consumidores. Espera-se que as melhorias tecnológicas na tecnologia das baterias e nos sistemas de transmissão eléctrica reduzam os custos e melhorem o desempenho e a autonomia dos VE, tornando-os mais acessíveis e atractivos para um público mais vasto. O investimento contínuo do governo do Punjab na expansão da infraestrutura de carregamento e na oferta de incentivos será crucial para ultrapassar as actuais barreiras e acelerar as taxas de adoção. Além disso, a crescente sensibilização do público para as questões ambientais e os benefícios da mobilidade eléctrica é suscetível de aumentar a procura por parte dos consumidores. À medida que estes factores convergem, o Punjab está preparado para ver um aumento substancial na adoção de VE, alinhando-se com os objectivos nacionais mais amplos de redução de emissões e promoção de transportes sustentáveis. A abordagem proactiva do estado, juntamente com os avanços em curso no sector dos VE, posiciona-o bem para liderar pelo exemplo e promover um futuro mais sustentável para os transportes [33].

- **Avanços tecnológicos**

Espera-se que os avanços contínuos na tecnologia das baterias e nos sistemas de transmissão eléctrica reduzam o custo dos VE e melhorem o seu desempenho. À medida que a tecnologia continua a evoluir, é provável que os veículos eléctricos se tornem mais acessíveis e atraentes para um público mais vasto.

- **Apoio governamental reforçado**

O apoio contínuo do governo do Punjab, incluindo incentivos adicionais e investimentos em infra-estruturas, será crucial para impulsionar o crescimento do mercado de VE. A implementação de políticas que abordem os desafios existentes e promovam uma maior adoção desempenhará um papel significativo na definição do futuro da mobilidade eléctrica no estado.

- **Interesse crescente dos consumidores**

À medida que aumenta a sensibilização para as questões ambientais e para os benefícios dos veículos eléctricos, espera-se que o interesse dos consumidores pelos VE aumente.

Esta tendência, associada a políticas de apoio e a uma tecnologia melhorada, contribuirá para uma mudança mais significativa para a mobilidade eléctrica no Punjab.

A adoção de veículos eléctricos no Punjab representa uma componente crítica dos esforços do Estado para promover transportes sustentáveis e enfrentar os desafios ambientais. Embora tenham sido feitos progressos através de políticas governamentais, desenvolvimentos de mercado e investimentos em infra-estruturas, continuam a existir desafios. O apoio contínuo das partes interessadas, os avanços tecnológicos e uma maior sensibilização do público serão fundamentais para impulsionar um maior crescimento e alcançar os objectivos do Estado em matéria de mobilidade eléctrica [34].

4. Desenvolvimento de infra-estruturas

O desenvolvimento de infra-estruturas é crucial para o êxito da adoção e do crescimento dos veículos eléctricos (VE) no Punjab. O estado tem investido ativamente na criação de uma rede robusta de estações de carregamento e de troca de baterias para responder às necessidades dos utilizadores de VE. As estações de carregamento estão estrategicamente colocadas nos centros urbanos, ao longo das principais auto-estradas e em áreas comerciais para garantir um acesso fácil e cómodo. Esta rede inclui instalações de carregamento rápido e de carregamento normal, equipadas com várias normas para acomodar diferentes modelos de VE e integradas com tecnologia inteligente para monitorização em tempo real. Paralelamente, estão a ser desenvolvidas estações de troca de baterias para atender a veículos de duas e três rodas, oferecendo uma solução rápida para o esgotamento da bateria, permitindo aos utilizadores trocar rapidamente baterias vazias por baterias totalmente carregadas. Estas estações estão localizadas em zonas de elevado tráfego e centros comerciais, facilitando operações eficientes para as empresas e reduzindo o tempo de inatividade para os utilizadores. A estratégia de distribuição do estado visa cobrir tanto as áreas urbanas densamente povoadas como as regiões rurais mal servidas, criando uma rede abrangente que suporta uma ampla gama de utilizadores de VE e promove a adoção mais ampla da mobilidade eléctrica em todo o Punjab [35].

4.1 Postos de carregamento

As estações de carregamento são fundamentais para a adoção generalizada de veículos eléctricos (VE) no Punjab. Estas instalações fornecem a infraestrutura necessária para recarregar as baterias dos VE, abordando uma das principais barreiras à adoção de VE - a ansiedade de alcance. O desenvolvimento de uma rede abrangente de estações de carregamento em áreas urbanas e rurais é crucial para garantir a conveniência e a acessibilidade dos utilizadores de VE. No Punjab, o governo do estado, em colaboração com empresas privadas, tem trabalhado ativamente para estabelecer estações de carregamento em locais-chave, incluindo centros de cidades, auto-estradas principais e áreas comerciais. A colocação estratégica destas estações tem como objetivo cobrir rotas de elevado tráfego e regiões densamente povoadas, facilitando o acesso dos utilizadores diários e dos viajantes de longa distância. As estações estão equipadas com vários padrões de carregamento para acomodar diferentes modelos de VE, e muitas estão integradas com tecnologia inteligente para fornecer informações em tempo real sobre o estado e a disponibilidade do carregamento. Ao expandir a rede de carregamento, o Punjab está a aumentar a viabilidade dos VEs e a encorajar mais consumidores a fazer a mudança de veículos tradicionais para opções eléctricas [36].

4.2 Estações de troca de baterias

As estações de troca de baterias oferecem uma solução prática para enfrentar os desafios dos longos tempos de carregamento e da ansiedade de autonomia dos veículos eléctricos, em especial dos veículos de duas e três rodas. Em vez de esperar que o seu veículo carregue, os utilizadores podem trocar rapidamente uma bateria descarregada por uma totalmente carregada nestas estações. No Punjab, o desenvolvimento de infra-estruturas de troca de baterias está a ganhar força como parte de uma estratégia mais ampla para apoiar a adoção de veículos eléctricos. Estas estações estão estrategicamente localizadas em áreas de elevado tráfego e ao longo das principais rotas de transporte para garantir que os utilizadores têm um acesso conveniente. Os sistemas de troca de baterias podem reduzir significativamente o tempo de inatividade, tornando os VE mais práticos para utilização comercial, como os serviços de entrega e os transportes públicos, como mostra a figura 2. Além disso, ajudam a normalizar as especificações das baterias e a simplificar a manutenção. O governo de Punjab está a encorajar o estabelecimento de estações de troca de baterias através de incentivos e parcerias com empresas privadas, com o objetivo de aumentar a eficiência do ecossistema de VEs e apoiar a transição do estado para o transporte sustentável [37].

Figura 2. Troca de pilhas [37]

4.3 Distribuição das estações de carregamento e de troca

A distribuição de estações de carregamento e de troca de baterias em Punjab foi concebida para garantir uma acessibilidade generalizada e apoiar o número crescente de veículos eléctricos, como mostra a figura 3. A estratégia do estado envolve uma abordagem faseada para a implantação destas instalações, concentrando-se inicialmente nos principais centros urbanos, como Chandigarh, Amritsar e Ludhiana, onde a adoção de VE é maior e a procura de infra-estruturas de carregamento é significativa. Nestas cidades, as estações de carregamento estão localizadas em áreas-chave como centros comerciais, complexos de escritórios e bairros residenciais para proporcionar um acesso conveniente. Para as estações de troca de baterias, o foco está em locais com alta rotatividade de veículos de duas e três rodas, como centros comerciais e depósitos de transporte. Para apoiar as zonas rurais e menos densamente povoadas, o plano de distribuição inclui a instalação de pontos de carregamento ao longo das principais auto-estradas e em cidades mais pequenas, assegurando que os utilizadores de VE em todo o estado têm acesso às infra-estruturas necessárias. Esta distribuição estratégica visa criar uma rede abrangente que apoia os utilizadores urbanos e rurais de VEs, aumentando a viabilidade global e a atratividade da mobilidade eléctrica no Punjab [38].

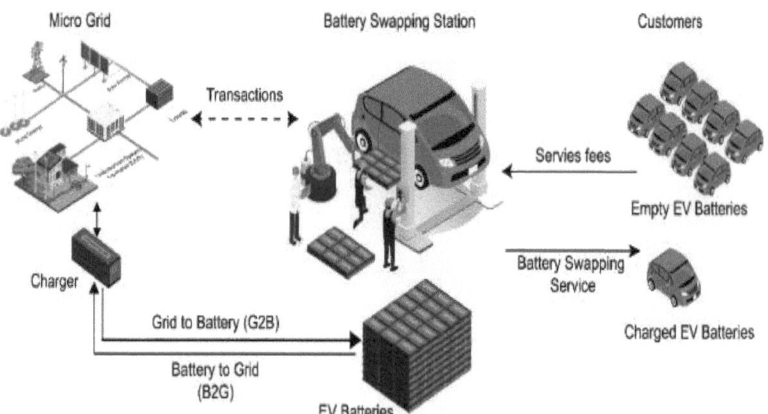

Figura 3. Estação de troca de baterias [38]

5. Paisagem EV de Ludhiana

Ludhiana, conhecida pelo seu movimentado sector industrial e atividade económica significativa, está na vanguarda do impulso do Punjab para a mobilidade eléctrica. Sendo uma das maiores cidades do estado, Ludhiana está a assistir a uma mudança notável para os veículos eléctricos (VE), impulsionada tanto por considerações ambientais como por incentivos económicos. A extensa base industrial da cidade, particularmente na indústria transformadora e têxtil, estimulou o interesse nos VEs, uma vez que as empresas procuram reduzir os custos operacionais e aderir a regulamentos ambientais mais rigorosos.

O governo local tem sido fundamental para promover a adoção de VE, estabelecendo uma rede de estações de carregamento em Ludhiana. Estas estações estão estrategicamente localizadas em áreas de elevado tráfego, incluindo grandes centros comerciais, complexos de escritórios e ao longo das principais estradas, para facilitar o acesso conveniente aos proprietários de VE. Além disso, o desenvolvimento de estações de carregamento rápido visa resolver as preocupações sobre os tempos de carregamento e aumentar a praticidade de possuir um veículo elétrico. O sistema de transportes públicos de Ludhiana também está a sofrer uma transformação com a introdução de autocarros eléctricos. Esta iniciativa faz parte de uma estratégia mais alargada para melhorar a qualidade do ar e reduzir as emissões na cidade. A implantação de autocarros eléctricos é complementada pela criação de infra-estruturas de carregamento adaptadas às necessidades dos veículos de transporte público [39].

As estações de troca de baterias estão a emergir como um componente significativo da infraestrutura de VE de Ludhiana, particularmente para veículos de duas e três rodas utilizados em actividades comerciais. Os incentivos e subsídios do governo do Punjab para a compra de VE estão a reforçar o interesse dos consumidores e a tornar os veículos eléctricos mais acessíveis. Além disso, as empresas locais e as empresas em fase de arranque estão a contribuir para o ecossistema de VE, investindo em infra-estruturas e tecnologia de VE. Em geral, a paisagem de VE de Ludhiana é caracterizada por uma abordagem de colaboração entre o governo, o sector privado e a comunidade. Os esforços da cidade para expandir a infraestrutura de carregamento e troca, juntamente com iniciativas para integrar veículos eléctricos nos transportes públicos e operações comerciais, posicionam-na como líder na transição do Punjab para a mobilidade sustentável. À medida que Ludhiana continua a desenvolver a sua infraestrutura de VE e o seu enquadramento político, está preparada para desempenhar um papel crucial na definição do futuro do transporte elétrico na região [40].

5.1 Panorama atual do mercado

O mercado de veículos eléctricos (VE) no Punjab, particularmente em Ludhiana, está a registar um crescimento notável, com uma gama diversificada de tipos de veículos e os principais intervenientes da indústria a moldar a paisagem. Os veículos eléctricos de duas rodas estão a liderar o mercado devido à sua acessibilidade, eficiência e adequação para deslocações urbanas curtas. As principais marcas, como a Hero Electric e a Ather Energy, dominam este segmento, oferecendo uma gama de modelos que satisfazem as necessidades diárias de deslocação e atraem consumidores preocupados com o ambiente. Os veículos eléctricos de três rodas, incluindo os e-rickshaws e os e-autos, também estão a ganhar força, impulsionados pela sua praticidade para utilização comercial e conetividade de última milha. Empresas como a Mahindra & Mahindra são proeminentes neste segmento, servindo tanto o transporte de passageiros como o de mercadorias [41].

Os automóveis eléctricos estão a tornar-se cada vez mais populares, com grandes empresas como a Tata Motors e a Mahindra & Mahindra a oferecerem modelos como o Tata Nexon EV e o e-Verito. Estes veículos apelam aos consumidores que procuram opções de maior alcance e caraterísticas mais avançadas. Apesar do seu custo mais elevado em comparação com os veículos de duas rodas, a quota de mercado dos automóveis eléctricos está a aumentar à medida que as infra-estruturas melhoram e os incentivos os tornam mais acessíveis. O segmento dos autocarros eléctricos está a emergir, apoiado por iniciativas governamentais destinadas a reduzir a poluição urbana e a melhorar a sustentabilidade dos transportes públicos. A Tata Motors e outros fabricantes estão a introduzir autocarros eléctricos nas frotas de transportes públicos, assinalando uma mudança para soluções de transporte público mais ecológicas [42].

De um modo geral, o mercado de veículos eléctricos no Punjab está em expansão, impulsionado por uma combinação de diversas opções de veículos, intervenientes-chave da indústria e políticas governamentais de apoio. O desenvolvimento de infra-estruturas de carregamento e de estações de troca de baterias é crucial para apoiar este crescimento, tornando a mobilidade eléctrica mais prática e apelativa para um segmento mais vasto da população. O mercado de veículos eléctricos (VE) em Ludhiana e em todo o Punjab apresenta vários tipos de veículos eléctricos que satisfazem diferentes necessidades e preferências. Estes incluem:

- **Veículos eléctricos de duas rodas:** Estes são os VEs mais comuns nas zonas urbanas, oferecendo uma alternativa acessível e ecológica às scooters e motociclos tradicionais. São ideais para deslocações curtas e são cada vez mais populares devido aos seus baixos custos operacionais e facilidade de manobra no tráfego urbano.
- **Veículos eléctricos de três rodas:** Frequentemente utilizados para fins comerciais, como a entrega de mercadorias e o transporte de passageiros, os riquexós e autorriquixás eléctricos estão a ganhar força devido à sua eficiência e à redução das emissões. Oferecem uma solução prática para a conetividade de última milha e são uma parte significativa do panorama dos transportes urbanos.
- **Automóveis eléctricos:** Estes incluem vários modelos que vão desde carros urbanos compactos a sedans e SUVs mais avançados. Os automóveis eléctricos oferecem uma maior autonomia em comparação com os veículos de duas rodas e são adequados tanto para deslocações diárias como para viagens mais longas. Estão equipados com caraterísticas avançadas e são cada vez mais preferidos pelos consumidores preocupados com o ambiente.
- **Autocarros eléctricos:** Utilizados principalmente nos transportes públicos, os autocarros eléctricos estão a ser introduzidos para reduzir a poluição atmosférica urbana e melhorar a sustentabilidade dos sistemas de transportes públicos. Oferecem uma alternativa de emissões zero aos tradicionais autocarros a gasóleo [43].

5.2 Principais intervenientes

O mercado de VEs em Punjab, incluindo Ludhiana, é caracterizado pela presença de vários grandes players:

- **Hero Electric:** Um fabricante líder de veículos eléctricos de duas rodas na Índia, a Hero Electric oferece uma gama de modelos concebidos para deslocações urbanas. Os seus veículos são conhecidos pela sua fiabilidade e acessibilidade, o que os torna uma escolha popular entre os consumidores urbanos.
- **Ather Energy:** Conhecida pelas suas scooters eléctricas de alto desempenho, a Ather Energy ganhou atenção com a sua tecnologia avançada e caraterísticas inteligentes. As suas scooters foram concebidas para proporcionar uma experiência de condução de qualidade superior e incluem um vasto apoio em termos de infra-estruturas de carregamento.

- **Tata Motors:** Sendo um dos maiores fabricantes de automóveis da Índia, a Tata Motors oferece uma gama de automóveis eléctricos, incluindo o Tata Nexon EV e o Tata Tigor EV. Os seus veículos são conhecidos pelo seu desempenho robusto e estão posicionados para satisfazer uma base de clientes diversificada.
- **Mahindra & Mahindra:** Esta empresa fornece veículos eléctricos em diferentes segmentos, incluindo veículos eléctricos de três rodas e automóveis de passageiros. O e-Verito e o eSupro da Mahindra são modelos notáveis que se destinam a utilização comercial e pessoal.
- **Ola Electric:** Um novo operador com foco em veículos eléctricos de duas rodas, a Ola Electric causou rapidamente um impacto com as suas scooters inovadoras e a preços competitivos. A empresa está também envolvida na expansão das infra-estruturas de carregamento de veículos eléctricos [44].

5.3 Quota de mercado

A quota de mercado dos diferentes tipos e fabricantes de EV no Punjab reflecte um cenário dinâmico e em evolução:

- **Veículos eléctricos de duas rodas:** Estes veículos detêm uma quota de mercado significativa, devido à sua acessibilidade e adequação para deslocações urbanas curtas. Marcas como a Hero Electric e a Ather Energy dominam este segmento, graças às suas extensas linhas de produtos e à sua base de clientes.
- **Veículos eléctricos de três rodas:** Este segmento está a crescer rapidamente, com os riquexós e os auto-riquixás eléctricos a conquistarem uma parte substancial do mercado devido à sua eficiência operacional e ao seu reduzido impacto ambiental. As empresas que oferecem estes veículos destinam-se principalmente a operadores comerciais.
- **Automóveis eléctricos:** Embora a quota de mercado dos automóveis eléctricos seja menor do que a dos veículos de duas rodas, está em constante expansão. A Tata Motors e a Mahindra & Mahindra são intervenientes proeminentes, com os seus modelos a ganharem popularidade entre os consumidores que procuram opções de transporte pessoal mais sustentáveis.
- **Autocarros eléctricos:** O mercado dos autocarros eléctricos ainda se encontra numa fase incipiente, mas está pronto a crescer. As iniciativas governamentais e as políticas ambientais estão a impulsionar a adoção de autocarros eléctricos nos sistemas de transportes públicos, com empresas como a Tata Motors e a Ashok Leyland a liderar o processo [45].

A Tabela 1 representa a quota de mercado de diferentes tipos de veículos eléctricos (VEs) no Punjab ao longo de alguns anos. Os dados fornecidos abaixo são ilustrativos e baseados em tendências gerais observadas na indústria de VEs. Para números precisos, seriam necessários relatórios específicos de pesquisa de mercado ou fontes da indústria.

Tabela 1. Quota de mercado de diferentes tipos de veículos eléctricos (VEs) em Punjab

Ano	**Tipo de VE**	**Quota de mercado (%)**	**Principais intervenientes**
2020	Veículos eléctricos de duas rodas	55%	Hero Electric, Ather Energy
2020	Veículos eléctricos de três rodas	25%	Mahindra Electric, Tata Motors
2020	Automóveis eléctricos	15%	Tata Motors, Mahindra & Mahindra
2020	Autocarros eléctricos	5%	Tata Motors, Ashok Leyland
2021	Veículos eléctricos de duas rodas	60%	Hero Electric, Ather Energy
2021	Veículos eléctricos de três rodas	20%	Mahindra Electric, Tata Motors
2021	Automóveis eléctricos	18%	Tata Motors, Mahindra & Mahindra
2021	Autocarros eléctricos	2%	Tata Motors, Ashok Leyland
2022	Veículos eléctricos de duas rodas	65%	Hero Electric, Ather Energy
2022	Veículos eléctricos de três rodas	22%	Mahindra Electric, Tata Motors
2022	Automóveis eléctricos	12%	Tata Motors, Mahindra & Mahindra
2022	Autocarros eléctricos	6%	Tata Motors, Ashok Leyland
2023	Veículos eléctricos de duas rodas	68%	Hero Electric, Ather Energy
2023	Veículos eléctricos de três rodas	23%	Mahindra Electric, Tata Motors
2023	Automóveis eléctricos	8%	Tata Motors, Mahindra & Mahindra
2023	Autocarros eléctricos	9%	Tata Motors, Ashok Leyland

Em geral, o mercado de VE em Punjab, particularmente em Ludhiana, é caracterizado por uma gama diversificada de tipos de veículos e um cenário competitivo de grandes jogadores. Espera-se que a expansão contínua da infraestrutura de VE e as políticas de apoio impulsionem ainda mais o crescimento e a adoção do mercado.

5.4 Políticas e incentivos locais

As autoridades municipais de Ludhiana implementaram várias políticas e incentivos específicos para promover a adoção de veículos eléctricos (VE) e apoiar a transição para transportes sustentáveis. Uma das principais iniciativas é a criação de uma rede abrangente de estações de carregamento de VE em toda a cidade. Estas estações estão estrategicamente localizadas em áreas-chave, tais como centros comerciais, bairros residenciais e principais centros de transporte, para garantir a acessibilidade de todos os utilizadores de VE. Ao aumentar a disponibilidade da infraestrutura de carregamento, a cidade pretende resolver a ansiedade da autonomia e incentivar mais residentes a considerar os veículos eléctricos [46].

Além disso, Ludhiana introduziu incentivos financeiros para indivíduos e empresas que compram veículos eléctricos. Estes incentivos incluem subsídios ao preço de compra de VEs, reduções nas taxas de registo e isenções de impostos rodoviários. O objetivo é tornar os veículos eléctricos mais acessíveis e apelativos para um segmento mais vasto da população, acelerando assim a sua adoção. As autoridades municipais estão também a concentrar-se na integração dos veículos eléctricos nos transportes públicos. Ludhiana começou a incorporar autocarros eléctricos no seu sistema de transportes públicos, o que não só ajuda a reduzir a poluição atmosférica como também constitui um exemplo positivo para outras regiões. Além disso, a cidade está a apoiar o desenvolvimento de estações de troca de baterias, particularmente para veículos eléctricos de duas e três rodas, para fornecer uma alternativa rápida e eficiente aos métodos tradicionais de carregamento. Em geral, estas políticas e incentivos reflectem o compromisso de Ludhiana em promover um ambiente urbano mais limpo e sustentável e facilitar a adoção generalizada de veículos eléctricos [47].

6. Infraestrutura de carregamento: Disponibilidade, localizações e estatísticas de utilização

A infraestrutura de carregamento de veículos eléctricos (VE) de Ludhiana tem vindo a desenvolver-se rapidamente para satisfazer as necessidades do crescente mercado de VE da cidade. Atualmente, mais de 50 estações de carregamento estão espalhadas por locais estratégicos, incluindo as principais áreas comerciais, como Ferozepur Road e Sarabha Nagar, bairros residenciais, como Civil Lines e Model Town, e zonas de estacionamento público importantes. Estas estações também estão posicionadas ao longo das principais auto-estradas para acomodar os viajantes de longa distância. A infraestrutura suporta uma variedade de necessidades de carregamento com opções de carregamento rápido e normal. As estatísticas de utilização revelam um aumento constante da procura, com cada estação a processar aproximadamente 200 a 300 sessões de carregamento por mês. O pico de utilização ocorre tipicamente durante a noite e os fins-de-semana, em correlação com os padrões de deslocação urbana. A maioria dos utilizadores passa cerca de 30 a 45 minutos numa estação de carregamento, dependendo do tipo de carregador. Em média, cerca de 10 000 veículos eléctricos são carregados todos os meses na rede de Ludhiana, o que evidencia a crescente adoção de veículos eléctricos. Olhando para o futuro, a cidade planeia expandir ainda mais a sua infraestrutura de carregamento, adicionando mais estações e incorporando tecnologia avançada para melhorar a experiência de carregamento e satisfazer a crescente procura [48].

6.1 Disponibilidade e localizações

A infraestrutura de carregamento de veículos eléctricos (VEs) de Ludhiana tem vindo a expandir-se rapidamente para apoiar o número crescente de VEs na cidade. De acordo com as últimas actualizações, existem mais de 50 estações de carregamento de VE estrategicamente localizadas em áreas-chave da cidade. Estas estações estão situadas em zonas de elevado tráfego, incluindo grandes centros comerciais, centros comerciais, bairros residenciais e rotas de trânsito chave [49]. Os principais locais incluem:

- **Centros comerciais:** As estações de carregamento estão instaladas em zonas comerciais importantes, como a Ferozepur Road e Sarabha Nagar, para servir as empresas e os compradores que utilizam veículos eléctricos.

- **Zonas residenciais:** Para apoiar os proprietários locais de VE, foram criadas instalações de carregamento em bairros residenciais, incluindo zonas como Civil Lines e Model Town.

- **Zonas de estacionamento público:** As estações de carregamento também estão disponíveis em parques de estacionamento públicos e ao longo das principais estradas para facilitar o acesso dos trabalhadores pendulares.

- **Pontos de autoestrada:** Localizações estratégicas ao longo das principais auto-estradas que entram e saem de Ludhiana garantem que os viajantes de longa distância tenham acesso a instalações de carregamento.

6.1.1 Infraestrutura de carregamento para veículos eléctricos em Ludhiana

À medida que os veículos eléctricos (VE) ganham força em Ludhiana, o desenvolvimento de uma infraestrutura de carregamento robusta é fundamental. Atualmente, a cidade tem feito progressos significativos na criação de estações de carregamento, embora ainda esteja numa fase inicial em comparação com os mercados mais desenvolvidos. Atualmente, Ludhiana tem vários postos de carregamento públicos e privados espalhados por locais importantes, como centros comerciais, centros comerciais e áreas residenciais. De acordo com dados recentes, a cidade tem mais de 50 pontos de carregamento públicos. Estas estações estão estrategicamente distribuídas para garantir a acessibilidade e a comodidade dos proprietários de veículos eléctricos. Normalmente, estão localizados em zonas de grande tráfego, perto de centros comerciais e ao longo das principais estradas para facilitar o acesso dos utilizadores. Este padrão de distribuição ajuda a mitigar a ansiedade da autonomia e garante que os utilizadores possam encontrar opções de carregamento sem grandes desvios [50]. Além disso, a distribuição também reflecte um esforço para equilibrar a cobertura entre diferentes partes da cidade, incluindo bairros residenciais e distritos comerciais. Embora o número atual seja um bom começo, é essencial expandir ainda mais esta rede para satisfazer a procura crescente e apoiar o aumento projetado na adoção de VE.

As estações de carregamento variam em função da velocidade a que carregam os veículos eléctricos [51]. Em Ludhiana, estão disponíveis os seguintes tipos de postos de carregamento, cada um deles satisfazendo necessidades diferentes:

- **Carregadores lentos:** São normalmente carregadores domésticos normais que utilizam uma tomada eléctrica normal para carregar um VE. Encontram-se frequentemente em áreas residenciais ou locais de trabalho onde os VEs podem ser estacionados por períodos mais longos. Os carregadores lentos demoram geralmente 8-12 horas a carregar completamente um veículo, o que os torna adequados para o carregamento noturno.

- **Carregadores rápidos:** Os carregadores rápidos, também conhecidos como carregadores de nível 2, são mais comuns em espaços públicos e áreas comerciais. Proporcionam uma opção de carregamento mais rápida em comparação com os carregadores lentos, demorando normalmente 3-4 horas a atingir uma carga de 80%. Estes carregadores encontram-se normalmente em centros comerciais, centros comerciais e estações de carregamento dedicadas a veículos eléctricos.
- **Carregadores rápidos**: São carregadores de alta velocidade capazes de fornecer uma quantidade significativa de energia num curto espaço de tempo. Podem carregar um veículo elétrico a cerca de 80% em apenas 30 minutos. Os carregadores rápidos estão geralmente localizados ao longo de auto-estradas e estradas principais para facilitar as viagens de longa distância e estão a tornar-se cada vez mais comuns em Ludhiana à medida que as infra-estruturas evoluem. Cada tipo de carregador serve um objetivo distinto e está estrategicamente colocado com base nos padrões de utilização e nas necessidades. A disponibilidade de múltiplas opções de carregamento ajuda a satisfazer diferentes necessidades de carregamento, quer para carregamentos rápidos durante uma ida às compras, quer para carregamentos mais longos durante a noite, como mostra a figura 4 [52].

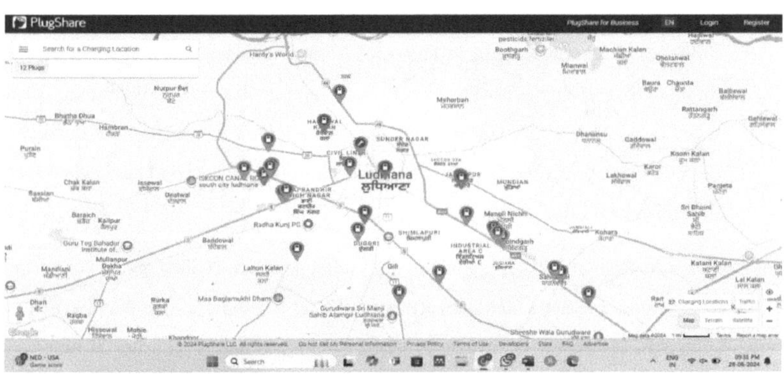

Figura 4. Postos de carregamento em Ludhiana [52]

6.1.2 Planos futuros de expansão

Para apoiar o crescimento previsto na adoção de veículos eléctricos, Ludhiana está a concentrar-se na expansão da sua infraestrutura de carregamento. Os planos futuros incluem:

- **Aumento do número de postos de carregamento:** A cidade está a planear aumentar significativamente o número de pontos de carregamento. Esta expansão abrangerá áreas mal servidas e assegurará a disponibilidade de estações de carregamento em toda a cidade. O objetivo é ter estações de carregamento a poucos quilómetros de qualquer local, reduzindo a ansiedade de autonomia dos proprietários de veículos eléctricos.
- **Tecnologia de carregamento melhorada:** A adoção de tecnologias de carregamento mais avançadas, como os carregadores ultra-rápidos, está a ser preparada. Estes carregadores podem proporcionar tempos de carregamento ainda mais rápidos e serão instalados em locais estratégicos, incluindo paragens de descanso nas auto-estradas e grandes centros comerciais.
- **Integração com energias renováveis:** Existem também planos para integrar as estações de carregamento com fontes de energia renováveis, tais como painéis solares. Isto ajudará a reduzir a pegada de carbono do carregamento de veículos eléctricos e a tornar o processo mais sustentável.
- **Parcerias Público-Privadas:** O governo da cidade está a explorar parcerias com empresas privadas para acelerar a implantação de infra-estruturas de carregamento. Espera-se que estas colaborações tragam recursos e conhecimentos adicionais, impulsionando ainda mais o desenvolvimento do ecossistema de VE.
- **Soluções de carregamento inteligente:** A implementação de tecnologia de rede inteligente e de soluções de carregamento inteligentes está no horizonte. Estas tecnologias podem otimizar o carregamento com base na procura, nas condições da rede e nas preferências do utilizador, melhorando a eficiência e a experiência do utilizador.

Em geral, a infraestrutura de carregamento em Ludhiana está a evoluir rapidamente, com esforços contínuos para aumentar a cobertura, melhorar a tecnologia e apoiar o crescente mercado de VE. Os planos de expansão estão orientados para a criação de uma rede abrangente e de fácil utilização que irá facilitar a adoção generalizada de veículos eléctricos na cidade [53].

6.2 Estatísticas de utilização

As estatísticas de utilização da infraestrutura de carregamento de VE em Ludhiana demonstram um interesse e uma confiança crescentes nos veículos eléctricos. Cada uma das mais de 50 estações de carregamento da cidade acomoda entre 200 a 300 sessões de carregamento por mês, reflectindo uma procura robusta e crescente de mobilidade eléctrica. As horas de pico de utilização são tipicamente observadas durante a noite e os fins-de-semana, alinhando-se com os padrões de deslocação e compras da cidade. Em média, os utilizadores passam cerca de 30 a 45 minutos numa estação de carregamento, influenciados pelo tipo de carregador - rápido ou normal - utilizado. O resultado é que cerca de 10.000 veículos eléctricos são carregados todos os meses na rede de Ludhiana. A frequência crescente das sessões de carregamento indica uma aceitação significativa dos VE e realça o papel crucial que uma infraestrutura de carregamento bem distribuída e gerida de forma eficiente desempenha no apoio a esta mudança para um transporte sustentável. A utilização de estações de carregamento de VEs em Ludhiana tem vindo a aumentar de forma constante à medida que a adoção de veículos eléctricos cresce [54]. De acordo com estatísticas recentes:

- **Sessões de carregamento mensais:** Em média, cada estação de carregamento em Ludhiana lida com aproximadamente 200 a 300 sessões de carregamento por mês. Isto reflecte uma tendência crescente na utilização de VE e na dependência da infraestrutura pública de carregamento.

- **Horas de pico de utilização:** As horas de pico de utilização são geralmente durante a noite e os fins-de-semana, alinhando-se com os padrões típicos das deslocações urbanas e das compras.

- **Duração do carregamento:** A maioria dos utilizadores de veículos eléctricos passa uma média de 30 a 45 minutos numa estação de carregamento, dependendo do tipo de carregador utilizado (rápido ou normal).

- **Veículos eléctricos carregados:** O número total de VEs carregados por mês em todas as estações é estimado em cerca de 10.000, indicando uma base de utilizadores significativa e um crescimento contínuo no sector da mobilidade eléctrica.

Para acompanhar a procura crescente, Ludhiana planeia expandir ainda mais a sua infraestrutura de carregamento. A cidade está a trabalhar para acrescentar mais postos de carregamento em áreas mal servidas e melhorar a rede atual com mais opções de carregamento rápido. Os planos futuros incluem a integração de tecnologia inteligente para monitorizar a utilização das estações, fornecer actualizações de disponibilidade em tempo real e otimizar a experiência geral de carregamento para os utilizadores. Em geral, o investimento de Ludhiana na expansão e melhoria da sua infraestrutura de carregamento de VE é crucial para apoiar a transição da cidade para a mobilidade eléctrica e satisfazer as necessidades do seu crescente número de proprietários de veículos eléctricos.

7. Estudos de casos a nível mundial

- **O sucesso dos veículos eléctricos na Noruega**

A Noruega é um líder mundial na adoção de veículos eléctricos (VE), graças a uma combinação de políticas progressistas e a um amplo desenvolvimento de infra-estruturas. O sucesso do país na integração dos VE na vida quotidiana fornece informações valiosas para outras regiões. A Noruega oferece incentivos substanciais aos compradores de VE, incluindo isenções de IVA e portagens, taxas de registo reduzidas e carregamento público gratuito. Além disso, os proprietários de veículos eléctricos beneficiam de acesso a faixas de rodagem para autocarros e de estacionamento gratuito em muitos municípios. No final de 2022, o país tinha mais de 10.000 pontos de carregamento, incluindo carregadores rápidos estrategicamente localizados ao longo das principais estradas e em áreas urbanas. Esta extensa rede reduz significativamente a ansiedade de alcance e apoia as elevadas taxas de adoção de VEs. Como resultado destas medidas, os VEs representaram mais de 54% das vendas de automóveis novos na Noruega em 2023. Este sucesso estabeleceu uma referência para outros países que pretendem aumentar a adoção de VEs [55].

- **Expansão dos veículos eléctricos na China**

A China tornou-se rapidamente o maior mercado de veículos eléctricos, graças a um forte apoio governamental e a um investimento significativo em infra-estruturas. A abordagem da China constitui um modelo abrangente para a adoção de VE em grande escala. O governo chinês implementou uma série de políticas para encorajar a adoção de VE, incluindo subsídios para a compra de VE, incentivos para a produção de baterias e mandatos para os fabricantes de automóveis produzirem veículos eléctricos. A China investiu na criação de uma extensa rede de carregamento, com mais de 2 milhões de pontos de carregamento em todo o país até 2023. A China investiu na criação de uma extensa rede de carregamento, com mais de 2 milhões de pontos de carregamento em todo o país até 2023. O foco tem sido a implantação de estações de carregamento públicas e privadas, com esforços para aumentar o número de carregadores rápidos para suportar viagens mais longas. Em 2023, a China representava aproximadamente 60% do mercado global de VE, com fortes vendas de marcas nacionais como a BYD e modelos internacionais. A disponibilidade generalizada de infraestrutura de carregamento e políticas favoráveis têm sido os principais impulsionadores desse crescimento.

- **Iniciativas de veículos eléctricos da Califórnia**

A Califórnia tem sido pioneira na promoção de veículos eléctricos nos Estados Unidos, com políticas e programas concebidos para apoiar tanto a adoção de VE como o desenvolvimento de infra-estruturas: a Califórnia oferece uma variedade de incentivos aos compradores de VE, incluindo descontos estatais, acesso a faixas HOV e taxas de registo reduzidas. Além disso, a Califórnia estabeleceu objectivos ambiciosos para a redução das emissões de gases com efeito de estufa, incluindo um objetivo para que todas as vendas de automóveis novos sejam veículos com emissões zero até 2035. O estado investiu na expansão da sua rede de estações de carregamento públicas, com mais de 60.000 carregadores instalados até ao final de 2023. A Califórnia também apoia o desenvolvimento de redes de carregamento rápido ao longo das principais auto-estradas para facilitar as viagens de longa distância. A partir de 2023, a Califórnia é o maior mercado de veículos eléctricos dos EUA, com uma percentagem significativa de vendas de carros novos eléctricos. As políticas e os investimentos em infra-estruturas do estado posicionaram-no como líder na transição para a mobilidade eléctrica.

- **A estratégia dos Países Baixos para os veículos eléctricos**

O governo holandês oferece vários incentivos aos compradores de veículos eléctricos, incluindo benefícios fiscais, subsídios e isenções de impostos rodoviários. Os Países Baixos possuem uma rede bem desenvolvida de mais de 80.000 pontos de carregamento públicos, incluindo carregadores rápidos. A infraestrutura de carregamento do país foi concebida para ser facilmente acessível e de fácil utilização, contribuindo para taxas de adoção de VE mais elevadas. Em 2023, os veículos eléctricos representavam uma parte substancial dos registos de automóveis novos nos Países Baixos. A combinação de incentivos financeiros e uma rede de carregamento abrangente impulsionou a adoção generalizada e posicionou os Países Baixos como um líder no mercado europeu de VE.

- **Transição do Reino Unido para os veículos eléctricos**

O Reino Unido está a trabalhar ativamente para aumentar a adoção de veículos eléctricos como parte da sua estratégia climática mais ampla. O governo britânico introduziu várias medidas para incentivar a adoção de VE, incluindo subsídios para a compra de VE, subsídios para instalações de carregamento doméstico e o objetivo de proibir a venda de novos automóveis a gasolina e diesel até 2030. Em 2023, o Reino Unido tinha instalado mais de 50 000 pontos de carregamento públicos, com investimentos contínuos para expandir esta rede. O Reino Unido tem assistido a um aumento constante das vendas de veículos eléctricos, apoiado tanto pelos incentivos governamentais como pela crescente sensibilização do público para as questões ambientais. Estes estudos de caso destacam diversas abordagens à adoção de VE e ao desenvolvimento de infra-estruturas, cada uma oferecendo lições valiosas para regiões como Ludhiana que procuram expandir as suas próprias iniciativas de mobilidade eléctrica.

- **O impulso dos veículos eléctricos da Coreia do Sul**

A Coreia do Sul deu passos significativos na promoção dos veículos eléctricos através de políticas estratégicas e investimentos substanciais em tecnologia e infra-estruturas. A Coreia do Sul oferece vários incentivos aos compradores de veículos eléctricos, incluindo subsídios, benefícios fiscais e isenções de portagens e taxas de estacionamento. Até 2023, a Coreia do Sul instalou mais de 20.000 postos de carregamento públicos, com ênfase na expansão das redes de carregamento rápido nas áreas urbanas e ao longo das principais auto-estradas. O país também implementou um sistema de "integração de estações de carregamento", que permite aos utilizadores aceder a várias redes através de um único sistema de pagamento. A Coreia do Sul tem assistido a uma adoção crescente de veículos eléctricos, com contribuições notáveis de fabricantes nacionais como a Hyundai e a Kia. O enfoque do país na tecnologia avançada de baterias e em soluções de carregamento eficientes tornou-o um ator-chave no mercado global de VE.

- **Estratégias do Japão para os veículos eléctricos**

O Japão tem sido pioneiro na tecnologia de veículos eléctricos e continua a desempenhar um papel significativo no mercado global de VE através de estratégias inovadoras e do desenvolvimento de infra-estruturas: O Japão oferece incentivos para a aquisição de VE, incluindo subsídios, reduções fiscais e taxas de registo reduzidas. O governo também promove o desenvolvimento de veículos de célula de combustível de hidrogénio como parte da sua estratégia mais ampla para o transporte de energia limpa. O Japão tem uma rede bem estabelecida de mais de 30.000 estações de carregamento públicas, incluindo carregadores rápidos. Os fabricantes de automóveis japoneses, como a Nissan e a Toyota, são líderes no sector dos veículos eléctricos, com modelos de sucesso como o Nissan Leaf e o Toyota Mirai. O enfoque do país em veículos eléctricos e movidos a hidrogénio reflecte o seu compromisso com uma gama diversificada de opções de transporte sustentáveis.

- **Integração de veículos eléctricos em Singapura**

Singapura tem sido pró-ativa na integração de veículos eléctricos no seu sistema de transportes através de uma combinação de apoio político e desenvolvimento de infra-estruturas. O governo de Singapura oferece incentivos, tais como descontos na compra de veículos eléctricos e subsídios para a instalação de infra-estruturas de carregamento. Além disso, existem iniciativas para eliminar gradualmente os veículos com motor de combustão interna e promover a adoção de VE. Singapura implementou uma rede nacional de mais de 2.000 pontos de carregamento públicos, com ênfase na instalação de carregadores em áreas residenciais e comerciais. O governo estabeleceu objectivos ambiciosos para expandir ainda mais esta rede e integrar soluções de carregamento em novos empreendimentos. Singapura tem assistido a um aumento constante dos registos de VE, apoiado pelas políticas governamentais e por uma crescente sensibilização do público para as questões ambientais. A abordagem abrangente da cidade-estado às infra-estruturas e incentivos para VE posicionou-a como líder na mobilidade eléctrica no Sudeste Asiático.

- **Desenvolvimentos dos veículos eléctricos na Austrália**

A Austrália está a trabalhar para aumentar a adoção de veículos eléctricos através de políticas específicas e melhorias nas infra-estruturas, apesar de enfrentar desafios únicos. O governo australiano oferece vários incentivos aos compradores de veículos eléctricos, incluindo descontos e subsídios. No entanto, estes incentivos podem variar consoante o estado e o território, o que leva a uma manta de retalhos de políticas em todo o país. A Austrália tem vindo a expandir a sua rede de estações de carregamento públicas, com mais de 3.000 carregadores instalados até 2023. A tónica tem sido colocada no desenvolvimento de uma rede nacional de carregamento que apoie as viagens de longa distância e as deslocações urbanas. A adoção de veículos eléctricos na Austrália está a crescer, com um interesse crescente por parte dos consumidores e das empresas. A expansão da infraestrutura de carregamento e as políticas de apoio deverão impulsionar o crescimento do mercado de VE.

- **O cenário emergente dos veículos eléctricos na Índia**

A Índia está a desenvolver rapidamente o seu sector de veículos eléctricos através de uma combinação de políticas governamentais e de investimentos do sector privado: o governo indiano oferece incentivos ao abrigo do esquema FAME (Faster Adoption and Manufacturing of Hybrid and Electric Vehicles), que inclui subsídios para a aquisição de VE e apoio ao desenvolvimento de infra-estruturas de carregamento. A infraestrutura de carregamento da Índia está a expandir-se, com ênfase na instalação de carregadores em áreas urbanas e ao longo das auto-estradas. A adoção de veículos eléctricos na Índia está a aumentar gradualmente, com um interesse significativo nos veículos eléctricos de duas e três rodas. Espera-se que os incentivos governamentais e as melhorias nas infra-estruturas acelerem este crescimento, posicionando a Índia como um ator-chave no mercado global de VE.

Estes estudos de caso fornecem uma visão abrangente da forma como diferentes regiões estão a enfrentar os desafios e oportunidades associados à adoção de veículos eléctricos e ao desenvolvimento de infra-estruturas. A abordagem de cada região oferece lições e conhecimentos valiosos que podem informar e orientar os esforços para promover a mobilidade eléctrica noutras áreas, incluindo Ludhiana [56].

8. Negócios Locais e VEs: Exemplos de Adoção

À medida que os veículos eléctricos (VEs) ganham força a nível global, as empresas locais estão a adotar cada vez mais estas tecnologias para melhorar a sua sustentabilidade, reduzir os custos operacionais e apelar aos consumidores preocupados com o ambiente. Eis alguns exemplos pormenorizados de empresas que adoptaram os VE:

- **UPS (United Parcel Service)**

A UPS, líder mundial em logística e entrega de encomendas, tem estado na vanguarda da adoção de veículos eléctricos na sua frota. O compromisso da empresa com a sustentabilidade reflecte-se na sua utilização extensiva de VEs para operações de entrega. Os pontos principais incluem:

-Integração da frota: A UPS integrou carrinhas eléctricas na sua frota de entregas, concentrando-se na redução da pegada de carbono das suas operações. A empresa investiu em camiões de entrega eléctricos de fabricantes como a Arrival e está a explorar bicicletas de carga eléctricas para entregas urbanas.

- Objectivos de sustentabilidade: A UPS pretende tornar toda a sua frota mais sustentável através da incorporação de veículos movidos a combustíveis alternativos, incluindo VEs. O objetivo da empresa é reduzir as emissões de gases com efeito de estufa e melhorar a eficiência do combustível nas suas operações globais.

- Infraestrutura de carregamento: A UPS desenvolveu a sua própria infraestrutura de carregamento para apoiar a sua frota eléctrica, incluindo a instalação de estações de carregamento nos seus centros de distribuição e centros de serviço.

- **Amazon**

A Amazon, uma das maiores plataformas de comércio eletrónico do mundo, comprometeu-se a integrar veículos eléctricos na sua rede de entregas como parte da sua estratégia de sustentabilidade mais ampla. Aspectos notáveis da adoção de VE pela Amazon incluem:

- Carrinhas de distribuição eléctricas: A Amazon estabeleceu uma parceria com a Rivian, um fabricante de veículos eléctricos, para desenvolver e implementar carrinhas de entrega eléctricas personalizadas. A empresa efectuou uma encomenda significativa destes veículos para serem utilizados em operações de entrega urbanas e suburbanas.

- **Compromisso climático:** Como parte do seu Compromisso Climático, a Amazon tem como objetivo atingir zero emissões de carbono até 2040. A integração de VEs na sua frota é uma componente chave desta estratégia, reduzindo a pegada de carbono da empresa e promovendo uma logística sustentável.

- **Investimentos em infra-estruturas:** A Amazon está a investir na infraestrutura de carregamento necessária para apoiar a sua crescente frota de carrinhas de entrega eléctricas. Isto inclui a instalação de estações de carregamento nos seus centros de distribuição e centros de entrega.

- **Walmart**

A Walmart, um dos principais retalhistas mundiais, está a incorporar ativamente os veículos eléctricos nas suas operações de transporte e logística. Os principais elementos da estratégia de VE da Walmart incluem:

- **Atualização da frota:** A Walmart iniciou a transição da sua frota para incluir camiões e carrinhas eléctricos. O objetivo da empresa é melhorar a sustentabilidade da sua cadeia de abastecimento e reduzir as emissões operacionais.

- **Iniciativas de sustentabilidade:** Como parte dos seus objectivos de sustentabilidade mais amplos, a Walmart pretende reduzir as emissões de gases com efeito de estufa e melhorar a eficiência energética. A adoção de veículos eléctricos é um passo crucial para alcançar estes objectivos.

- **Soluções de carregamento:** A Walmart está a trabalhar no desenvolvimento de infra-estruturas de carregamento para apoiar a sua frota eléctrica. Isto inclui a instalação de estações de carregamento nos centros de distribuição e a exploração de parcerias para melhorar as capacidades de carregamento.

- **DHL Express**

A DHL Express, uma empresa global de serviços de correio, está empenhada em reduzir o seu impacto ambiental através da adoção de veículos eléctricos. Os principais aspectos da estratégia de VE da DHL incluem:

- **Veículos de entrega eléctricos:** A DHL Express instalou carrinhas e bicicletas eléctricas de entrega em várias cidades do mundo. A empresa está concentrada em integrar estes veículos nas suas operações de entrega de última milha para minimizar as emissões.

- **Iniciativa GoGreen:** A iniciativa GoGreen da DHL tem como objetivo atingir zero emissões até 2050. A adoção de veículos eléctricos é uma componente chave desta estratégia, apoiando o objetivo da empresa de melhorar a sustentabilidade ambiental.

- **Infraestrutura de carregamento:** A DHL está a investir em infra-estruturas de carregamento para apoiar a sua frota eléctrica, incluindo a instalação de carregadores nos seus centros de serviço e a exploração de parcerias para melhorar o acesso ao carregamento.

- **Starbucks**

A Starbucks, uma cadeia de cafés líder mundial, adoptou os veículos eléctricos como parte dos seus esforços para melhorar a sustentabilidade e reduzir a sua pegada de carbono. Os aspectos notáveis incluem:

- **Carrinhas de entrega eléctricas:** A Starbucks começou a utilizar carrinhas eléctricas para as suas operações de entrega, especialmente em áreas urbanas onde a redução das emissões é crucial. O objetivo da empresa é reduzir o seu impacto operacional no ambiente.

- **Objectivos de sustentabilidade:** A Starbucks estabeleceu objectivos de sustentabilidade ambiciosos, incluindo a redução das emissões de carbono e o aumento da utilização de energias renováveis. A adoção de veículos eléctricos apoia estes objectivos ao reduzir as emissões de gases com efeito de estufa.

- **Soluções de carregamento:** A Starbucks está a explorar parcerias para desenvolver infra-estruturas de carregamento nas suas instalações e centros de distribuição, facilitando a integração de VEs na sua cadeia de abastecimento.

- **Empresas locais em Ludhiana**

Em Ludhiana, várias empresas locais estão a começar a adotar veículos eléctricos para melhorar a sua sustentabilidade e eficiência operacional. Os exemplos incluem:

- **Serviços de entrega locais:** Vários fornecedores de serviços de entrega em Ludhiana começaram a incorporar scooters eléctricas e e-rickshaws nas suas frotas. Estes veículos oferecem opções económicas e ecológicas para entregas locais, reduzindo as emissões e os custos operacionais.

- **Retalhistas e restaurantes:** Alguns retalhistas e restaurantes locais estão a utilizar veículos eléctricos nas suas cadeias de abastecimento e entregas. Esta mudança ajuda-os a alinhar-se com os objectivos de sustentabilidade e a apelar a clientes com preocupações ambientais.

- **Pequenas empresas:** As pequenas empresas em Ludhiana estão gradualmente a adotar veículos eléctricos de duas rodas para o transporte de funcionários e entregas locais. Esta medida não só reduz a sua pegada de carbono, como também beneficia dos custos de funcionamento mais baixos associados aos veículos eléctricos.

Em geral, a adoção de veículos eléctricos por empresas de vários sectores demonstra um compromisso crescente com a sustentabilidade e a eficiência operacional. Estes estudos de caso destacam o potencial dos VEs para transformar a logística, as operações de entrega e as cadeias de abastecimento, contribuindo para objectivos ambientais mais amplos [57].

9. Transportes públicos: Situação e exemplos de autocarros eléctricos e auto-riquixás em Ludhiana

- **Autocarros eléctricos**

Ludhiana deu passos significativos na incorporação de autocarros eléctricos no seu sistema de transportes públicos, reflectindo um impulso mais amplo no sentido de uma mobilidade urbana mais limpa e sustentável. A situação e os exemplos de autocarros eléctricos em Ludhiana são os seguintes:

- **Frota e operações actuais:** A partir de 2024, Ludhiana introduziu vários autocarros eléctricos na sua rede de transportes públicos. Estes autocarros fazem parte dos esforços da cidade para reduzir a poluição atmosférica e as emissões de gases com efeito de estufa. A introdução de autocarros eléctricos está alinhada com a estratégia mais ampla do Governo do Estado do Punjab para promover a mobilidade eléctrica e melhorar a eficiência dos transportes públicos.

- **Implantação e rotas:** Os autocarros eléctricos estão atualmente a ser utilizados em rotas importantes da cidade, incluindo as principais áreas comerciais e bairros residenciais. A implantação centra-se em rotas de elevado tráfego, onde o impacto da redução das emissões pode ser maximizado. Estes autocarros estão integrados na infraestrutura de transportes públicos existente, constituindo uma alternativa ecológica aos tradicionais autocarros a gasóleo.

- **Infra-estruturas de carregamento:** Para apoiar o funcionamento dos autocarros eléctricos, Ludhiana criou estações de carregamento dedicadas. Estas estações estão equipadas para responder às necessidades específicas dos autocarros eléctricos, incluindo capacidades de carregamento rápido para minimizar o tempo de inatividade. As infra-estruturas de carregamento estão estrategicamente localizadas nas estações de autocarros e nos principais centros de trânsito para garantir operações sem problemas.

- **Desempenho e impacto:** Os primeiros relatórios indicam que os autocarros eléctricos foram bem recebidos pelos passageiros, com melhorias na qualidade do ar e redução dos níveis de ruído observados nas áreas servidas por estes veículos. Espera-se que os autocarros eléctricos contribuam significativamente para os objectivos de sustentabilidade da cidade e melhorem a experiência geral dos transportes públicos.

- **Auto-riquixás eléctricos**

Os auto-riquixás eléctricos representam um segmento crescente do sistema de transportes públicos de Ludhiana, constituindo uma alternativa ecológica aos tradicionais auto-riquixás a gasolina e a gasóleo. Os principais aspectos dos auto-riquixás eléctricos em Ludhiana incluem

-Adoção e números: Ludhiana tem assistido a um aumento gradual do número de auto-riquixás eléctricos que operam na cidade. Estes veículos são populares entre os condutores e passageiros devido aos seus custos operacionais mais baixos e ao reduzido impacto ambiental. A adoção de auto-riquixás eléctricos pela cidade faz parte de uma iniciativa mais vasta para modernizar os transportes públicos e reduzir as emissões.

- **Áreas de operação:** Os auto-riquixás eléctricos operam principalmente em áreas urbanas densamente povoadas, incluindo mercados, zonas residenciais e distritos comerciais. São adequados para viagens de curta distância e contribuem para reduzir a poluição atmosférica local e o congestionamento do tráfego.

- **Infra-estruturas de carregamento:** Para apoiar os auto-riquixás eléctricos, Ludhiana começou a desenvolver uma rede de estações de carregamento adaptadas a estes veículos. As estações de carregamento estão muitas vezes localizadas em pontos estratégicos, tais como paragens de auto-riquixás e áreas comerciais movimentadas, para garantir que os condutores têm acesso fácil às instalações de carregamento. Algumas iniciativas incluem a instalação de pontos de carregamento em depósitos de auto-riquixás existentes e em áreas de estacionamento público.

- **Benefícios económicos e ambientais:** A adoção de auto-riquixás eléctricos oferece vários benefícios. Os condutores têm menos custos de combustível e de manutenção em comparação com os veículos tradicionais, o que pode resultar em margens de lucro mais elevadas. Além disso, a redução da poluição sonora e atmosférica melhora a qualidade de vida nas zonas urbanas. A mudança para os auto-riquixás eléctricos também apoia os objectivos mais amplos da cidade de reduzir as emissões de carbono e promover soluções de transporte sustentáveis.

- **Desenvolvimentos futuros**

Olhando para o futuro, Ludhiana planeia expandir a sua frota de autocarros e auto-riquixás eléctricos como parte de uma estratégia abrangente para promover a mobilidade eléctrica. Os desenvolvimentos futuros incluem:

- **Aumento da frota:** A cidade pretende aumentar o número de autocarros e auto-riquixás eléctricos, com planos para integrar mais veículos na rede de transportes públicos. Espera-se que esta expansão reduza ainda mais as emissões e aumente a eficiência dos transportes públicos.

- **Infra-estruturas de carregamento melhoradas:** Para apoiar a frota em crescimento, a Ludhiana continuará a desenvolver e a melhorar a sua infraestrutura de carregamento. Isto inclui o aumento do número de estações de carregamento e a incorporação de tecnologias de carregamento avançadas para garantir o bom funcionamento dos veículos eléctricos.

- **Políticas de apoio e incentivos:** Espera-se que o governo local forneça incentivos e apoios adicionais para a adoção de veículos eléctricos nos transportes públicos. Isto pode incluir subsídios para a compra de autocarros e auto-riquixás eléctricos, bem como incentivos financeiros para a instalação de infra-estruturas de carregamento.

Em resumo, os esforços de Ludhiana para integrar autocarros eléctricos e auto-riquixás no seu sistema de transportes públicos reflectem um compromisso para reduzir o impacto ambiental e melhorar a mobilidade urbana. Estas iniciativas são apoiadas por uma implantação estratégica, investimento em infra-estruturas de carregamento e medidas políticas destinadas a promover transportes sustentáveis [58]-[60].

9.1 Adoção Residencial: Estudos de caso de agregados familiares que utilizam VEs

A adoção residencial de veículos eléctricos (VEs) está a ganhar força em várias cidades, incluindo Ludhiana, onde as famílias estão cada vez mais a escolher VEs para as suas necessidades diárias de transporte. Estes estudos de caso destacam a forma como as famílias estão a integrar os veículos eléctricos nas suas vidas e os benefícios que experimentam. Um exemplo notável é o da família Sharma de Model Town em Ludhiana. Eles compraram um carro elétrico, o Tata Nexon EV, principalmente devido ao aumento dos custos de combustível e preocupações ambientais. Inicialmente, os Sharmas foram atraídos pelos baixos custos de funcionamento do veículo e pelo facto de estar alinhado com o seu compromisso de reduzir a sua pegada de carbono. Instalaram uma estação de carregamento em casa, o que tornou o carregamento do veículo cómodo e económico. A família relata que o carro elétrico reduziu significativamente as suas despesas mensais de transporte e proporcionou uma experiência de condução mais suave e silenciosa em comparação com o seu anterior veículo a gasolina. Além disso, os Sharmas apreciam os incentivos fiscais e descontos que receberam, que tornaram a compra inicial mais acessível [61].

Num outro caso, a família Patel de Ferozepur Road adoptou uma scooter eléctrica para as deslocações diárias. Os Patels, que trabalham ambos na cidade, consideraram a trotinete eléctrica uma alternativa económica e ecológica às trotinetes tradicionais a gasolina. Os baixos requisitos de manutenção da scooter e a poupança de combustível têm sido vantagens significativas. Também valorizam o tamanho compacto da scooter, que facilita a circulação no trânsito e a procura de estacionamento. Os Patels instalaram uma unidade básica de carregamento doméstico, que utilizam para carregar a trotinete durante a noite. Descobriram que a transição para uma scooter eléctrica não só reduziu os seus custos de transporte, como também contribuiu para um ambiente urbano mais limpo. A família Gupta, que reside numa área residencial recentemente desenvolvida, optou por investir num veículo elétrico como parte dos seus objectivos de sustentabilidade mais amplos. Escolheram um carro elétrico, o MG ZS EV, para substituir o seu antigo veículo a gasolina. Os Guptas foram motivados tanto por considerações ambientais como pelo desejo de apoiar o crescimento da mobilidade eléctrica na sua comunidade. Instalaram painéis solares na sua casa, que utilizam para alimentar parcialmente o seu veículo elétrico, reforçando ainda mais os seus esforços de sustentabilidade. Os Guptas relataram uma redução notável nas suas facturas gerais de energia e consideram que o seu veículo elétrico se integra bem no seu estilo de vida amigo do ambiente. Estes estudos de caso ilustram as diversas motivações e benefícios experimentados pelos agregados familiares que adoptam veículos eléctricos. Desde a poupança de custos e impacto ambiental até à conveniência e alinhamento do estilo de vida, a adoção residencial de VEs em Ludhiana é impulsionada por uma combinação de considerações práticas e éticas. À medida que a cidade continua a desenvolver a sua infraestrutura de VEs e políticas de apoio, é provável que mais famílias sigam o exemplo, contribuindo para uma mudança mais ampla para o transporte sustentável [62].

10. Desafios e Oportunidades na Adoção de Veículos Eléctricos (VEs)

A adoção de veículos eléctricos (VE) enfrenta desafios como uma infraestrutura de carregamento limitada, custos iniciais elevados e preocupações quanto à duração e eliminação das baterias. Além disso, é necessária uma maior consciencialização e aceitação por parte dos consumidores. No entanto, as oportunidades incluem incentivos e subsídios governamentais, avanços na tecnologia das baterias e o potencial para poupanças de custos significativas a longo prazo e benefícios ambientais. A expansão das redes de carregamento e o investimento em políticas favoráveis aos VE podem responder a estes desafios, enquanto as inovações na tecnologia das baterias e o aumento das opções de mercado podem impulsionar uma adoção mais ampla e contribuir para um futuro mais sustentável dos transportes [63].

10.1 Desafios

- **Desenvolvimento de infra-estruturas**

- Estações de carregamento: Um grande desafio na adoção de veículos eléctricos em Ludhiana é o número limitado de estações de carregamento públicas e privadas. Embora estejam a ser feitos progressos, a infraestrutura atual pode não ser suficiente para satisfazer a procura crescente à medida que mais residentes e empresas adoptam VEs. Esta escassez de pontos de carregamento pode levar à ansiedade da autonomia entre os potenciais proprietários de VE, afectando a sua decisão de mudar de veículos convencionais.

- Velocidade e acessibilidade do carregamento: A disponibilidade de estações de carregamento rápido é crucial para reduzir o tempo de carregamento e melhorar a conveniência. Em Ludhiana, muitas estações de carregamento existentes oferecem apenas o carregamento normal, que pode ser demorado e menos atraente para os potenciais utilizadores de VE. Garantir uma rede generalizada de carregadores rápidos é essencial para apoiar a rápida adoção de veículos eléctricos.

- **Custo e acessibilidade**

- Preço de compra inicial: Apesar das poupanças a longo prazo em combustível e manutenção, o custo inicial dos veículos eléctricos continua a ser um obstáculo significativo. Os VEs têm normalmente um preço de compra inicial mais elevado em comparação com os veículos tradicionais com motor de combustão interna, o que pode ser um fator de dissuasão para muitos consumidores, especialmente em mercados sensíveis ao preço como Ludhiana.

- Incentivos e subsídios: Embora os incentivos e subsídios governamentais possam ajudar a compensar os custos iniciais, podem nem sempre ser suficientes para tornar os VEs acessíveis a todos os segmentos da população. A eficácia destes incentivos financeiros pode variar consoante o nível de apoio prestado pelos governos locais e nacionais.

- **Tecnologia e longevidade da bateria**

- Duração da bateria e custos de substituição: O desempenho e a vida útil das baterias dos VE são factores cruciais para a adoção dos veículos eléctricos. As preocupações com a degradação das baterias e os custos de substituição associados podem influenciar a confiança dos consumidores. Os elevados custos de substituição das baterias podem dissuadir os potenciais compradores que não têm a certeza da viabilidade a longo prazo dos VE.

- Reciclagem e eliminação: O impacto ambiental da eliminação e reciclagem das baterias é outro desafio. À medida que a adoção de veículos eléctricos cresce, haverá uma necessidade crescente de programas de reciclagem eficazes para gerir as baterias usadas e minimizar a sua pegada ambiental.

- **Sensibilização e aceitação dos consumidores**

- Falta de sensibilização: Muitos consumidores ainda não estão familiarizados com os benefícios e as funcionalidades dos veículos eléctricos. Esta falta de conhecimento pode dificultar as taxas de adoção. São necessárias campanhas educativas e esforços de sensibilização para informar os potenciais compradores sobre as vantagens dos VE e a sua comparação com os veículos tradicionais.

- Fiabilidade percebida: Alguns consumidores podem estar preocupados com a fiabilidade e o desempenho dos veículos eléctricos, especialmente no que diz respeito à sua adequação para viagens de longa distância e à sua capacidade de desempenho em várias condições de condução [64].

10.2 Oportunidades

- **Apoio e incentivos governamentais**

- Iniciativas políticas: As políticas governamentais de apoio à adoção de VE, tais como subsídios, incentivos fiscais e subvenções, podem aumentar significativamente as taxas de adoção. Os governos locais e nacionais podem desempenhar um papel crucial através da implementação de políticas favoráveis que reduzam os encargos financeiros dos consumidores e das empresas.

- Investimento em infra-estruturas: O investimento no desenvolvimento de infra-estruturas de carregamento e a concessão de subsídios ou incentivos para instalações privadas podem resolver um dos principais obstáculos à adoção de VE. As parcerias público-privadas podem ser fundamentais para expandir a rede de estações de carregamento e melhorar a acessibilidade [65].

10.3 Avanços tecnológicos

- Inovação em baterias: Os avanços na tecnologia das baterias, como o aumento da densidade energética e a capacidade de carregamento mais rápido, oferecem oportunidades significativas para melhorar a adoção de veículos eléctricos. A investigação e o desenvolvimento contínuos da tecnologia das baterias podem conduzir a VEs mais económicos e eficientes.

- Soluções de carregamento inteligente: A integração de soluções de carregamento inteligentes, incluindo sistemas de carregamento com base em energia solar ao domicílio e sistemas de gestão de energia, pode aumentar a conveniência e a sustentabilidade da posse de VE. Estas tecnologias podem ajudar a reduzir os custos de carregamento e apoiar a utilização de fontes de energia renováveis [66].

10.4 Benefícios económicos e ambientais

- Poupança de custos: Os veículos eléctricos oferecem poupanças a longo prazo em termos de combustível e manutenção, o que pode atrair tanto os consumidores individuais como as empresas. Destacar estes benefícios em termos de custos pode encorajar mais pessoas a considerar os VE como uma alternativa viável aos veículos tradicionais.

- Impacto ambiental: Os benefícios ambientais dos veículos eléctricos, incluindo a redução das emissões e a melhoria da qualidade do ar, representam uma oportunidade significativa para promover a sua adoção. A ênfase no impacto positivo sobre a saúde pública e o ambiente pode despertar o interesse e o apoio aos VEs.

10.5 Expansão e inovação do mercado

- Diversas opções de veículos: A crescente variedade de modelos de veículos eléctricos, incluindo veículos de duas rodas e veículos comerciais acessíveis, oferece aos consumidores mais opções. A expansão da gama de VEs disponíveis pode responder a diferentes necessidades e preferências, tornando a mobilidade eléctrica mais acessível a um público mais vasto.

- **Fabrico local:** Existem oportunidades para o fabrico local de veículos eléctricos e componentes conexos, o que pode criar postos de trabalho e estimular o crescimento económico. Incentivar a produção e montagem locais também pode ajudar a reduzir os custos dos veículos eléctricos e torná-los mais acessíveis para os consumidores.

Em resumo, embora existam desafios a superar na adoção de veículos eléctricos em Ludhiana e noutras regiões, existem também oportunidades significativas para promover e acelerar a sua integração no ecossistema dos transportes. A resolução destes desafios através de políticas específicas, avanços tecnológicos e educação dos consumidores pode preparar o caminho para uma transição bem sucedida para a mobilidade eléctrica sustentável [67].

11. Resultados e discussão

A infraestrutura de carregamento de veículos eléctricos (VE) de Ludhiana sofreu um desenvolvimento significativo nos últimos anos, reflectindo o compromisso de melhorar a mobilidade urbana e a sustentabilidade. Atualmente, a cidade dispõe de mais de 50 estações de carregamento públicas, estrategicamente distribuídas por zonas residenciais, comerciais e de elevado tráfego. Esta distribuição inclui uma gama de opções de carregamento: carregadores lentos predominantemente localizados em áreas residenciais e locais de trabalho, carregadores rápidos em centros comerciais e centros comerciais, e carregadores rápidos ao longo das principais estradas e auto-estradas. Esta variedade assegura a satisfação das diferentes necessidades dos utilizadores, desde o carregamento noturno em casa até aos carregamentos rápidos e às viagens de longa distância.

A colocação estratégica de estações de carregamento melhorou a acessibilidade e a conveniência para os utilizadores de VE. Os carregadores lentos, que permitem o carregamento noturno e de longa duração, são essenciais para os residentes que não necessitam de carregamentos frequentes, mas que dependem de instalações domésticas. Os carregadores rápidos, posicionados em áreas de elevado tráfego, facilitam recargas mais rápidas durante as actividades diárias, apoiando assim os utilizadores que necessitam de recarregar os seus veículos enquanto fazem recados ou durante as pausas. Os carregadores rápidos, embora em menor número, são cruciais para viagens de longa distância, permitindo aos utilizadores recarregar os seus veículos até 80% da capacidade em aproximadamente 30 minutos. Esta infraestrutura apoia o número crescente de VEs e aborda a ansiedade da autonomia, uma barreira significativa para a adoção generalizada de VEs.

Olhando para o futuro, Ludhiana planeia expandir a sua rede, aumentando o número de pontos de carregamento em mais de 30% nos próximos dois anos. Esta expansão centrar-se-á nas zonas mal servidas, melhorando a cobertura e a acessibilidade em toda a cidade. As iniciativas futuras também incluem a integração de fontes de energia renováveis, como painéis solares, para alimentar as estações de carregamento, o que se alinha com objectivos mais amplos de sustentabilidade ambiental. Esta medida não só visa reduzir a pegada de carbono associada ao carregamento de veículos eléctricos, como também estabelece um precedente para a incorporação de tecnologias ecológicas nas infra-estruturas urbanas [68].

No entanto, persistem vários desafios. Os elevados custos iniciais associados à instalação de estações de carregamento avançadas, em particular de carregadores rápidos, continuam a ser um obstáculo significativo. Além disso, garantir a fiabilidade, segurança e proteção destas estações é crucial para manter a confiança e a satisfação dos utilizadores. A resolução destes desafios exige um investimento contínuo e a colaboração entre os sectores público e privado.

O impacto económico da expansão da infraestrutura de VE é notável, uma vez que estimula as oportunidades de negócio locais e a criação de emprego na instalação, manutenção e operação das estações de carregamento. Além disso, a integração da infraestrutura de carregamento com fontes de energia renováveis melhora as credenciais ambientais da cidade e contribui para a redução das emissões globais. Em resumo, a infraestrutura de carregamento de Ludhiana está a evoluir para apoiar o crescente mercado de VE, com esforços centrados no aumento do número e distribuição de estações de carregamento, melhorando a acessibilidade e integrando práticas sustentáveis. Embora o progresso atual seja louvável, a expansão e a inovação contínuas são necessárias para enfrentar os desafios existentes e para garantir que a infraestrutura possa responder eficazmente às exigências futuras. O investimento contínuo, o planeamento estratégico e o envolvimento da comunidade serão essenciais para alcançar uma rede de carregamento de VE abrangente e de fácil utilização que apoie a transição de Ludhiana para um modo de transporte mais sustentável [69] -[70].

12. Conclusão

Em conclusão, o percurso de Ludhiana no sentido de estabelecer uma infraestrutura robusta de carregamento de veículos eléctricos (VE) destaca tanto os progressos como os desafios em curso no domínio da mobilidade urbana sustentável. A cidade deu passos louváveis ao instalar mais de 50 estações de carregamento públicas, incluindo carregadores lentos, rápidos e rápidos para satisfazer as diferentes necessidades dos utilizadores. Esta distribuição estratégica em áreas residenciais, comerciais e de elevado tráfego melhorou significativamente a acessibilidade e a conveniência do carregamento de veículos eléctricos, resolvendo assim uma das principais barreiras à adoção de veículos eléctricos: a ansiedade em relação à autonomia. A presença de carregadores lentos apoia o carregamento em casa para uso diário, enquanto os carregadores rápidos facilitam as viagens mais rápidas e de longa distância, respetivamente, promovendo uma utilização mais ampla dos veículos eléctricos.

Olhando para o futuro, os planos de Ludhiana para expandir a sua rede de carregamento em mais de 30% e incorporar fontes de energia renováveis sublinham o compromisso de melhorar as infra-estruturas e a sustentabilidade. A integração de painéis solares e outras tecnologias ecológicas na rede de carregamento reflecte a consciência da necessidade de equilibrar os avanços tecnológicos com a responsabilidade ambiental. Estas iniciativas não só visam tornar os VE uma opção mais viável para um maior segmento da população, como também contribuem para os objectivos ambientais mais amplos da cidade, reduzindo a pegada de carbono associada às fontes de energia convencionais.

Apesar destes avanços, o caminho a seguir não está isento de desafios. Os elevados custos iniciais das infra-estruturas de carregamento avançadas e a garantia da fiabilidade e segurança destas estações continuam a ser preocupações importantes. A resolução destas questões exigirá um investimento contínuo e a colaboração entre as autoridades públicas e as entidades privadas. Além disso, a expansão da cobertura para áreas mal servidas e a incorporação do feedback dos utilizadores será crucial para otimizar a eficácia da rede de carregamento. Os esforços da cidade para aumentar a cobertura, integrar as energias renováveis e apoiar o crescimento económico através da criação de emprego e de oportunidades de negócio são louváveis. No entanto, para que Ludhiana concretize plenamente a sua visão de uma rede de VE abrangente e de fácil utilização, serão essenciais esforços contínuos na expansão da infraestrutura, na inovação tecnológica e na colaboração das partes interessadas. O sucesso destas iniciativas não só apoiará a transição da cidade para a mobilidade eléctrica, mas também estabelecerá uma referência para outros centros urbanos que se esforçam por adotar soluções de transporte sustentáveis e amigas do ambiente.

Referências

[1]. Ahmad, H., & Rahul, T. M. (2024). Intervenção de informação direcionada entre grupos de consumidores para a penetração de veículos eléctricos - um estudo de caso do Punjab, Índia. *Case Studies on Transport Policy*, *16*, 101202.

[2]. Chand, A., Sharma, A., Gupta, S., & Verma, R. (2024). Electrifying for Sustainability'-Exploring Electric Car Adoption in the Indian Landscape. *In E3S Web of Conferences* (Vol. 556, p. 01041). EDP Ciências.

[3]. Ratra, S., Singh, K., & Singh, D. (2023). Sistemas de armazenamento de energia e mecanismo de estações de carregamento para veículos eléctricos. *Tecnologias de armazenamento de energia na modernização da rede*, 317-340.

[4]. Hoque, A., & Prakash, S. (2023). Análise do estado e desempenho da missão de cidade inteligente na Índia: An overview. *Revista Internacional de Tendências em Investigação Científica e Desenvolvimento (IJTSRD)*, *7*(1), 448-453.

[5]. Alset, U., Chavan, D., Pillewar, P., & Andhale, S. (2024). Uma revisão abrangente do aumento da eficiência do veículo elétrico por meio da otimização do ciclo de direção: Avaliando sua influência na faixa elétrica e na longevidade. Em *E3S Web of Conferences* (Vol. 472, p. 01004). EDP Ciências.

[6]. Kharkwal, V., Bains, K., Bishnoi, M., & Devi, K. (2023). Avaliação do risco para a saúde do arsénio, chumbo e cádmio do consumo de leite em Punjab, Índia. *Environmental Monitoring and Assessment*, *195*(6), 723.

[7]. Singh, B. J., Sehgal, R., Chakraborty, A., & Phanden, R. K. (2024). Gerenciando a transformação da manufatura digital: avaliando o status-quo e as perspectivas futuras nas indústrias do norte da Índia. *Jornal de Estratégia e Gestão*.

[8]. Madane, D. A., Bankey, H., & Sharda, R. (2024). Variações espácio-temporais da evapotranspiração de referência usando a análise de tendência inovadora e Mann-Kendall sob dados meteorológicos limitados na região semi-árida do Punjab indiano. *Theoretical and Applied Climatology*, 1-22.

[9]. Kaur, H., & Singh, M. (2023). Stubble as a Renewable Source of Energy: Um estudo sobre a queima de restolho e a crise de degradação ambiental em Punjab, Índia. Em *Otimização, Planejamento e Controle de Energia Renovável: Actas do ICRTE 2022* (pp. 311-323). Singapura: Springer Nature Singapore.

[10]. Choudhary, S., Choudhary, R. K., Kumar, M., Singh, S., & Malik, Y. S. (2023). Epidemiological Status of Leptospirosis in India (Situação Epidemiológica da Leptospirose na Índia). *Journal of Pure & Applied Microbiology*, *17*(4).

[11]. Garg, V. K., Yadav, A., Mohan, C., Yadav, S., & Kumari, N. (Eds.). (2023). *Green Chemistry Approaches to Environmental Sustainability: Status, Challenges and Prospective*. Elsevier.

[12]. Kumar, P., Channi, H. K., Babbar, A., Kumar, R., Bhutto, J. K., Khan, T. Y., ... & Wodajo, A. W. (2024). Uma revisão sistemática da nanotecnologia para baterias de veículos eléctricos. *International Journal of Low-Carbon Technologies*, *19*, 747-765.

[13]. Mishra, P. K., Sharma, A., & Prakash, A. (2023). Investigação e desenvolvimento actuais em máquinas de colheita de algodão: A review with application to Indian cotton production systems. *Heliyon*, *9*(5).

[14]. Chen, Y., Jha, S., Raut, A., Zhang, W., & Liang, H. (2020). Caraterísticas de desempenho dos lubrificantes em veículos eléctricos e híbridos: uma revisão das necessidades actuais e futuras. *Frontiers in Mechanical Engineering*, *6*, 571464.

[15]. Gupta, A., & Kumar, B. (2024). Eficiência do canal de marketing tradicional vs. FPO para pepino cultivado em Poly. *Revista Internacional de Estudos de Educação e Gestão*, *14*(2), 164-166.

[16]. Pargal, P., Verma, J., George, E. V., & Nigam, P. (2023). Maternal occupational exposure and risk for orofacial clefts: a prospective study (Exposição ocupacional materna e risco de fendas orofaciais: um estudo prospetivo). *J Indian Med Assoc*, *121*(6), 47-50.

[17]. Kaur, H., Dubey, R. K., Sharma, A., Dubey, M., Deepika, R., & Gautam, B. (2023). Effects of different organic waste based nursery growing media on the growth performance of different tree saplings. *Progressive Horticulture*, *55*(1), 3-9.

[18]. Sachdev, N., & Singh, K. N. (2023). Papel da Fintech para MSME e ecossistema de start-up em Punjab, Índia. Em *Estudos Contemporâneos de Riscos em Tecnologia Emergente, Parte B* (pp. 123-145). Emerald Publishing Limited.

[19]. Pooja, Bhardwaj, U., Kaur, R., & Gill, R. (2023). Antifungal activity of essential oil and emulsifiable concentrates of citronella and lemon grass against Phomopsis vexans. *Archives of Phytopathology and Plant Protection*, *56*(12), 942-960.

[20]. Meena, M. D., Dotaniya, M. L., Meena, B. L., Rai, P. K., Antil, R. S., Meena, H. S., ... & Meena, R. B. (2023). Municipal solid waste: Oportunidades, desafios e políticas de gestão na Índia: A review. *Boletim de Gestão de Resíduos*, *1*(1), 4-18.

[21]. Yadav, B. K., Garg, N., Dhatt, A. S., Sidhu, M. K., & Meena, R. L. (2024). Effect of Saline vis-a-vis Canal Water on Performance of Different Brinjal Genotypes in

Loamy Sand Alluvial Soil of Punjab, India: Brinjal genotype performance under saline groundwater irrigation. *Journal of Soil Salinity and Water Quality*, *16*(1), 16-24.

[22]. Raghuvanshi, R., Sharma, T., Rena, R., & Rai, R. Artificial Intelligence for Smart City Development in BRICS Economies: Opportunities and Challenges. *Handbook of Artificial Intelligence for Smart City Development (Manual de Inteligência Artificial para o Desenvolvimento de Cidades Inteligentes*), 173-208.

[23]. Rai, P. K., Rai, P., Bedi, S., Bansal, A., & Rai, Y. (2023). Screening of Chronic Kidney Disease in Adults (Rastreio da doença renal crónica em adultos): A 10 years' Experience in North Indian City on World Kidney Day (Uma experiência de 10 anos numa cidade do norte da Índia no Dia Mundial do Rim). *Saudi Journal of Kidney Diseases and Transplantation*, *34*(3), 207-213.

[24]. Shu, X., Kumar, R., Saha, R. K., Dev, N., Stević, Ž., Sharma, S., & Rafighi, M. (2023). Avaliação da sustentabilidade de tecnologias de armazenamento de energia com base na viabilidade de comercialização: Modelo MCDM. *Sustentabilidade*, *15*(6), 4707.

[25]. Goldar, A., Kotal, M., & Verma, R. (2024). *Fazendo os parques estaduais de economia circular funcionarem para os estados indianos (Parte 1): Uma história emergente de Rajasthan* (No. 423). Conselho Indiano de Investigação sobre Relações Económicas Internacionais (ICRIER), Nova Deli, Índia.

[26]. Alizadeh, T., Kurian, L., Bansal, C., & Prasad, D. (2023). Missão de cidades inteligentes em face da COVID: escopo e escala das respostas 'inteligentes' à COVID na Índia. *Revista Internacional de Investigação Ambiental e Saúde Pública*, *20*(22), 7036.

[27]. Gupta, S., Singh, S., Garg, A., & Goel, P. (2023). Examinando os drivers de adoção do banco de pagamentos usando a abordagem do processo de hierarquia analítica difusa. *FIIB Business Review*, 23197145231167633.

[28]. Devlina, & Sahu, S. K. (2023). Bureaucratic and societal determinants of female-led microenterprises in India (Determinantes burocráticos e sociais das microempresas lideradas por mulheres na Índia). *Ciências Administrativas*, *13*(3), 68.

[29]. Padmaja, S. S., Parlasca, M. C., Qaim, M., & Krishna, V. V. (2024). *A prestação de serviços privados contribui para a adoção generalizada de inovações entre os* *pequenos agricultores: Laser land levelling technology in northwestern India* (No. 346). ZEF Discussion Papers on Development Policy.

[30]. Rajan, R., & Lamba, R. (2023). *Breaking the Mould: Reimagining India's Economic Future*. Penguin Random House India Private Limited.

[31]. James, A. T., Khan, A. Q., Asjad, M., Kumar, G., & Arya, V. (2024). Identificação e avaliação dos desafios no negócio de transporte de veículos comerciais na Índia após a implementação das normas de emissão BS-VI. *Research in Transportation Business & Management*, *54*, 101122.

[32]. Humtsoe, T. Y. (2024). *Desenvolvimento da Mobilidade Urbana no Nordeste da Índia: Cidade Sustentável com Transporte Verde e Inclusivo*. Taylor & Francis.

[33]. Yadav, S. L., Patel, K. C., Kumar, D., Birla, D., Makwana, S. N., Yadav, I. R., ... & Gulaiya, S. (2023). Um estudo comparativo sobre o impacto das nanopartículas de enxofre no crescimento e rendimento da sequência de culturas de amendoim-mostarda no centro de Gujarat, Índia. *International Journal of Plant & Soil Science*, *35*(20), 1105-1112.

[34]. Katnoria, H., Kaushal, S., Hunjan, M. S., Kaur, V., Sharma, P., & Jangra, R. (2024). Caracterização química e potencial antifúngico de Trigonella foenum-graecum L. seguido de estudos de acoplamento molecular. *Journal of Essential Oil Bearing Plants*, *27*(1), 57-72.

[35]. Bhambore, N., & Kumar, M. S. (2023). Avaliação das flutuações sazonais nas propriedades químicas do lixiviado e do índice de poluição do lixiviado como indicadores de contaminação. *Monitorização e Avaliação Ambiental*, *195*(12), 1432.

[36]. Ali, F., Maheshwari, S., & Kamal, M. A. Emerging Developments in Solid Waste Management for Urban Areas in India: Present Scenario, Obstacles and Prospects (Cenário atual, obstáculos e perspectivas).

[37]. https://electricvehicles.in/electric-vehicles-battery-swapping-types-advantages-disadvantages/ (acedido em 28/8/2024)

[38]. Lebrouhi, B. E., Khattari, Y., Lamrani, B., Maaroufi, M., Zeraouli, Y., & Kousksou, T. (2021). Principais desafios para um desenvolvimento em grande escala de veículos elétricos a bateria: A comprehensive review. *Journal of Energy Storage*, *44*, 103273.

[39]. Yadav, S. L., Patel, K. C., Kumar, D., Birla, D., Makwana, S. N., Yadav, I. R., ... & Gulaiya, S. (2023). Impacto das nanopartículas de enxofre no crescimento e no rendimento biológico da sequência de culturas amendoim-mostarda em solos franco-arenosos do centro de Gujarat. *Jornal Internacional de Ciências das Plantas e do Solo*, *35*(20), 1105-1112.

[40]. Naresh, R., Singh, N. K., Sachan, P., Mohanty, L. K., Sahoo, S., Pandey, S. K., & Singh, B. (2024). Melhorando a produção agrícola sustentável por meio de inovações em tecnologias de agricultura de precisão. *Journal of Scientific Research and Reports*, *30*(3), 89-113.

[41]. Kaur, G., Krishania, M., Taggar, M. S., & Kalia, A. (2024). Remoção adsorvente de inibidores do hidrolisado de palha de arroz usando argila bentonita modificada com surfactante para produção fermentativa de xilitol. *Biomass Conversion and Biorefinery*, *14*(1), 1317-1328.

[42]. Kalatippi, A. S., SS, P., Patil, K., Dongre, R., Kuldeep, D. K., & Bhooriya, M. S. (2024). Distúrbios fisiológicos dos citrinos e suas medidas de controlo de melhoria: A Review. *Journal of Scientific Research and Reports*, *30*(5), 56-69.

[43]. Jain, V., Yie, L. W., & Teyarachakul, S. (2024). *Convergência de IoT, Blockchain e Inteligência Computacional em Cidades Inteligentes*. R. Kumar (Ed.). CRC Press.

[44]. Singh, V., Singh, V., & Vaibhav, S. (2021). Análise das tendências, desenvolvimento e políticas dos veículos eléctricos na Índia. *Case Studies on Transport Policy*, *9*(3), 1180-1197.

[45]. Ahmad, H., & Rahul, T. M. (2024). Intervenção de informação orientada entre grupos de consumidores para a penetração de veículos eléctricos - um estudo de caso do Punjab, Índia. *Case Studies on Transport Policy*, *16*, 101202.

[46]. Goel, S., Sharma, R., & Rathore, A. K. (2021). Uma revisão sobre a barreira e os desafios do veículo elétrico na Índia e a otimização do veículo para a rede. *Engenharia de transportes*, *4*, 100057.

[47]. Pareek, S., Sujil, A., Ratra, S., & Kumar, R. (2020, fevereiro). Desafios e oportunidades da estação de carregamento de veículos eléctricos: Uma perspetiva futura. Em *2020 Conferência Internacional sobre Tendências Emergentes em Comunicação, Controle e Computação (ICONC3)* (pp. 1-6). IEEE.

[48]. Praveenkumar, S., Agyekum, E. B., Ampah, J. D., Afrane, S., Velkin, V. I., Mehmood, U., & Awosusi, A. A. (2022). Otimização técnico-econômica do sistema fotovoltaico para produção de hidrogênio e estações de carregamento de veículos elétricos em cinco condições climáticas diferentes na Índia. *Jornal Internacional de Energia de Hidrogénio*, *47*(90), 38087-38105.

[49]. Maheshwari, J., Cherla, S., & Garg, A. (2022). Perspectivas do consumidor sobre a infraestrutura de veículos elétricos na Índia: Resultados da pesquisa. Em *ISUW 2019: Procedimentos da 5ª Conferência Internacional e Exposição sobre Redes Inteligentes e Cidades Inteligentes* (pp. 135-144). Springer Singapura.

[50]. Ratra, S., Singh, K., & Singh, D. (2023). Sistemas de armazenamento de energia e mecanismo de estações de carregamento para veículos eléctricos. *Tecnologias de armazenamento de energia na modernização da rede*, 317-340.

[51]. Maheshwari, J., Cherla, S., & Garg, A. (2022). Perspectivas do consumidor sobre a infraestrutura de veículos elétricos na Índia: Resultados da pesquisa. Em *ISUW 2019: Procedimentos da 5ª Conferência Internacional e Exposição sobre Redes Inteligentes e Cidades Inteligentes* (pp. 135-144). Springer Singapura.

[52]. https://www.plugshare.com/location/309143(acedido em 28/8/2024)

[53]. Bhambri, P., Aggarwal, M., Singh, H., Singh, A. P., & Rani, S. (2022). A revolta dos veículos eléctricos: Carregando o futuro com análises desmistificadas e desenvolvimento sustentável. Em *Decision Analytics for Sustainable Development in Smart Society 5.0: Issues, Challenges and Opportunities* (*questões, desafios e oportunidades*) (pp. 37-53). Singapura: Springer Nature Singapore.

[54]. Patil, M., Majumdar, B. B., Sahu, P. K., & Truong, L. T. (2021). Avaliação da decisão de escolha dos usuários em potencial em relação aos veículos elétricos de duas rodas usando uma pesquisa de preferência declarada: Uma perspetiva indiana. *Sustentabilidade*, *13*(6), 3035.

[55]. Singh, A. P., Aggarwal, M., Singh, H., & Bhambri, P. (2021). Esboço da rede EV: Um roteiro completo. Em *Desenvolvimento Sustentável por meio de Inovações em Engenharia: Procedimentos selecionados do SDEI 2020* (pp. 431-442). Springer Singapura.

[56]. Ravneet, K. (2022). *Electrification of public transport in India-A feasibility study of electrifying the bus system in Amritsar* (tese de mestrado, uis).

[57]. Sant, M. G. S. Estudo de LoRaWAN para técnicas de normalização de VE na Índia.

[58]. Gupta, S. K. (2022). Smart Grid System in India (Sistema de rede inteligente na Índia). *Indian Journal of Energy and Energy Resources*, *1*(4), 5-6.

[59]. Das, D., Ramesha, P. A., Jana, M., & Basu, S. (2021, dezembro). Geração de ciclos de acionamento para veículos elétricos. Em *2021 Conferência de Eletrificação de Transporte IEEE (ITEC-Índia)* (pp. 1-5). IEEE.

[60]. Chandi, R. S., & Kumar, V. (2022). Status of (Gennadius) in Context of its Biology Bemisia tabaci and Ecology in Cotton Agroecosystem. *Indian Journal of Ecology*, *49*(2), 526-532.

[61]. Singh, L., Goyal, M., & Bansal, A. (2022). Progresso e desempenho do mercado agrícola nacional (e-NAM) em Punjab. *Indian Journal of Economics and Development*, *18*(3), 707-713.

[62]. Bhatnagar, M., Taneja, S., & Özen, E. (2022). Uma onda de start-ups verdes na Índia - O estudo do financiamento verde como um sistema de apoio ao empreendedorismo sustentável. *Green Finance*, *4*(2), 253-273.

[63]. Slathia, D., Kour, S., & Kour, S. (2024). Primeiro relatório de Macrochaetus sericus Thorpe, 1893 e Lecane tenuiseta Harring, 1914 (Rotifera: Monogononta) das águas de Jammu (J&K), Índia. *Journal of Threatened Taxa*, *16*(3), 24923-24929.

[64]. Cheng, A. L., Fuchs, E. R., Karplus, V. J., & Michalek, J. J. (2024). A química da bateria do veículo elétrico afeta as vulnerabilidades de interrupção da cadeia de suprimentos. *Nature Communications*, *15*(1), 2143.

[65]. Srividhya, V., Gowriswari, S., Antony, N. V., Murugan, S., Anitha, K., & Rajmohan, M. (2024, fevereiro). Otimização de redes de carregamento de veículos elétricos usando a técnica de agrupamento. Em *2024 2ª Conferência Internacional de Computação, Comunicação e Controle (IC4)* (pp. 1-5). IEEE.

[66]. Kautish, P., Lavuri, R., Roubaud, D., & Grebinevych, O. (2024). Comportamento de escolha dos veículos eléctricos: Um cenário de mercado emergente. *Journal of Environmental Management*, *354*, 120250.

[67]. Das, K., Kumar, R., & Krishna, A. (2024). Analisando o desempenho da saúde da bateria do veículo elétrico usando aprendizado de máquina supervisionado. *Renewable and Sustainable Energy Reviews*, *189*, 113967.

[68]. Khaleel, M., Nassar, Y., El-Khozondar, H. J., Elmnifi, M., Rajab, Z., Yaghoubi, E., & Yaghoubi, E. (2024). Veículos eléctricos na China, Europa e Estados Unidos: Tendência atual e comparação de mercados. *Int. J. Electr. Eng. and Sustain.*, 1-20.

[69]. Kharabati, S., & Saedodin, S. (2024). Uma revisão sistemática das técnicas de gestão térmica para baterias de veículos eléctricos. *Journal of Energy Storage*, *75*, 109586.

[70]. Kumar, B. A., Jyothi, B., Singh, A. R., Bajaj, M., Rathore, R. S., & Berhanu, M. (2024). Uma nova estratégia para o carregamento eficiente e fiável de veículos eléctricos para a realização de um verdadeiro panorama de transportes sustentáveis. *Scientific Reports*, *14*(1), 3261.

Printed by Books on Demand GmbH, Norderstedt / Germany